# 建筑你的模式语言

邱小石 编著

中央编译出版社
CCTP Central Compilation & Translation Press

给 亲 爱 的 KEN

## 阅读启蒙的实践

这本书有两个源起。

一个是始于为读易洞10周年做一个总结。5年前曾出版《业余书店》，10周年时，本来打算按照这个路径编辑一个10周年版，但编到一半突然失去了兴趣。我意识到，这个阶段要跨过去了。

另外一个，是《建筑模式语言》十多年对我的持续刺激。经营业余书店之外，我的"专业工作"是房地产与广告，已逾20年，这个经历使我对城市与社区产生了浓厚兴趣。《建筑模式语言》，无疑是这个领域对我影响最深的书籍，我由此展开了很多工作实践，并与个人生活模式相结合。

我转念一想，不妨从这个角度入手，不仅能延展更具价值的话题，而且也许对书店的阐释也会产生新意。

曾经有一句触动我的话，忘记了出处：没有独特的生活，哪来独特的创作。我审视自己的工作，记录是重要的创作方式。了解我的人知道我是一个记录癖。这个癖好从大学时期就已经开始，并一直延伸到毕业之后的生活和工作。它不完全是日记的形式，它以各种方式留存：信件、邮件、博客、公微、照片、笔记本上的插画、印象笔记里的只言片语……

之前我曾出版过三本书，三本书的主题都不同，编辑的兴趣点也不同，所以出版社都不一样，唯一的共同点都是记录自己的经历，非虚拟。曾经有朋友问我，你哪儿有时间写书呢？我说，不用专门写啊，日常做好记录，积累到一定时候，有那么一个主题，整理整理，就编辑出来了。

可是，如果生活不具特质，记录的东西会有什么独特的呢？

追寻独特的路上，有顺其自然，也有刻意为之。《建筑你的模式语言》这个书名，来自于我在知识共享平台"在行"分享的一个课件。我是这样描述它的动机的：

"作为一个与图书和阅读相关的人，当我不知道该读什么书的时候，我就会打开《建筑模式语言》。我这十多年逢人便推荐这本书，遗憾的是，绝大部分人都被它的厚度吓回去了。我想讲讲这本书，不仅是因为陪伴日久，更是因为我认为它绝不仅仅是一本建筑之书。它对生成我们的生活方式、工作方法、价值观念，都极具启发意义；它使我认识到：建筑有构建自己的模式语言，人亦是。"

正如《建筑模式语言》的作者C.亚历山大所说："在我们自己的生活中，追寻特质是任何一个人的主要追求，是任何一个人经历的关键所在，它是对我们最有生气的那些时刻和情景的追求。"我希望借着这个话题，从一本书的阅读开始，结合自己的实践，从语言的发现、行为的演化、观念的建筑三个层面，让和我一样，在追求特质的路上的读者，能够从中获得些许建立自己独特生活方式的启发。

# 目录

**叁**

**观念建筑** _130

创作是一种滋养 … 为兴趣和意义工作 … 记录与表达存在的艺术思维

**附录**

壹

语言发现

阅读是个起点····
《建筑模式语言》····
认知与建构知识的方法学习

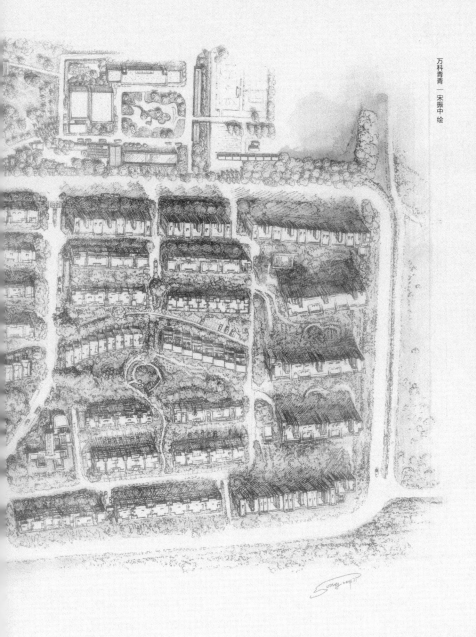

万科青青——宋振中 绘

# 一本书对我的影响

## A

2001年到2004年的时候，我住在望京的一个小区。这个小区由七八幢30多层的高楼组成，社区围墙外面就是车流如织的马路。我几岁的儿子只能在峡谷一样的小区里玩耍，四处都是硬地的铺装、夸张的台阶和粗糙的雕塑，只需要不到十分钟，这个小区就逛遍了。大铁门口有一小块平整的地面，这里是社区小孩唯一可以奔跑、踢球的场所，但老人也喜欢聚集在这里，所以儿童玩耍得并不肆意。如果没有家长带领，你不会放心让自己的小孩独自外出。

那段时间我开始阅读《建筑模式语言》，并仔细地写读书笔记。模式之二十一笔记是这样的：

不高于四层楼

1．高耸入云的建筑会使人发狂，精神病和犯罪率提升一倍。

2．居住房子，"不高于四层"能恰如其分地表达出建筑的高度和人的身心健康之间的相互联系。

3．当母亲在厨房的窗户看不见自己在街上的孩子时，就会焦急担心。数据统计，仅仅因为建筑的形态，儿童与外界的接触交流，100分如是满分的话，低层建筑有86分，而高层只有29分。

这段笔记呼应了我当时的心声。条件成熟的时候，我选择了重新置业，搬离了望京，选择了较为低密的郊区。回头从区域发展物业增值的角度看，这是一个折损的选择，但它确实改变了我的生活方式。

后来经常有朋友做专题，调查影响你最深的一本书，这对我是一个特别简单的事，我会毫不犹豫地推荐《建筑模式语言》。当我不知道该做什么和怎么做的时候，我就看这本书。它营造的语言风格、方法模式、价值观念，渗入了我的工作和生活，比如如前所讲，甚至影响了我对儿子生活环境的选择。

# B

社区有更安全的环境、更疏朗的空间，为儿童提供了更多探索的自由。但这远不能满足儿童成长的条件。《建筑生活美学》杂志是我曾经参与创办的一本企业内刊杂志。第六期我们在"社区公物"这一专题中，调查了很多有关社区儿童的游乐设施。它们看起来非常不错，五彩斑斓、化合材质、便于清理，都是工业化定制，被固定在塑胶的场地里面。《建筑模式语言》里面有一段关于儿童游戏场地的模式表述，反思了这种现象存在的问题：

《建筑模式语言》模式之七十三：冒险性的游戏场地

1. 游戏主要功能是培养儿童的想象力，看起来干净、挺好的、有益于健康的其实恰恰让儿童变得消极。
2. 社区有条件灵活的发展冒险性和富于想象力的游戏场地，应有更多的没有被沥青覆盖的地面，有泥土，有干树枝，有岩石。这比儿童攀爬的滑梯和秋千架强。
3. 给儿童空间，让他们再创造自己的游戏场地。

我想起我们小时候生活的环境，没有围墙，我们在野地里翻滚长大。当时武侠小说盛行，为了练成轻功，我们躲着大人，从河边运了很多河沙到坡底，试着从上往下跳，仿佛谁的脚印更浅谁就更厉害。这是我们自己创造的冒险之地，在没有知识构成的成长阶段，儿童的荒唐性正是其创造力的本源。

但现在的社区构建，从成人与成本的角度用足了场地，固化了各种元素。它几乎不提供儿童自己的秘密、冒险的可能，各种游戏都在公开与安全为第一的原则下展开。

# C

儿童需要玩耍，也需要学习。在这方面，社区的准备更加乏善可陈。大人们把孩子往学校一扔，周末把孩子塞进各类辅导班，就认为行使了教育的责任。社区本身如何成为一个校外学习的课堂，成为社区儿童认识社会和自然的途径，其实有大量可实践的操作。比如近年流行的儿童职业体验，社区的配套设施就可以辅助完成：带领儿童参观物业管理流程、各种商店的运作，了解菜店超市摆放的各种商品，设计参与社区商业的交易活动等等。这都是建立身边课堂的现成素材。

在《建筑生活美学》杂志第四期"社区标本"专题中，我们曾做过这样的尝试，绘制社区的地图和社区栽种的植物，将植物的环境位置与地图匹配，儿童拿着这样一张植物导览图，可以方便地找到植物并学习相关植物知识。这种学习模式极具延展性，社区规划、建筑、景观、道路等等，都可以转化成为儿童身临其境的"课本"。

我对长假期间体验的三亚万科森林度假公园印象深刻。它将自然保护的观念贯穿于景观美化的行为之中，比如对湿地、鸟类、植物的认识与保护，融于整个社区的导览体系，这都是非常有趣并且有思想的尝试。

社区有向社区儿童传授生活方式的条件。建立社的学习网，建立与社区的接触面，不仅仅是硬件，还有社区居民、家庭教师、热心帮助青年的行家、教小孩子的大孩子、讨论会、兴趣小组等等能够参与的环境的营建。设想把他们编进"社区的课程表"，会创造多么有魅力的社区。这并不是遥不可及的理想，都是稍加用心便能付诸实施的事情。但最大的难点，还是社会共同观念的养成。

前一阵，儿子希望我以家长和社区业主的身份，给社区小学的校长写一封信，说服校长准许他们周末进学校踢球。因为校长认为他们已经毕业，就不应该再进学校了。我理解校长的担忧并因此制定的规则，但这种动机形成的意识，已经脱离了学校的"意义"和一个校长应有的"使命"。

学校尚且如此，社区成为学校，任重道远。但同时，创造出一个与众不同的社区，存在极大的机会。

# D

社区儿童成长面临的环境，还有比上面谈到的更急迫的、更未知的问题。

从望京搬到这里，我在这个社区已经住了八年，儿子从小学一年级到今年进入了高中。社区只有一所小学，由于教育资源的稀缺、社会环境的压力、家长的急迫性，中学之后，社区里的孩子开始陆续搬迁四散。从最初搞一个生日会要为二三十人准备，一呼百应到学校踢球，在社区疯跑，到现在周末只有一两个小朋友在家对打游戏，这种变化无疑对儿童成长造成困惑与干扰。当然，细想背后的社会动荡，每一个家庭的折腾与付出，更令人唏嘘，这是另外一个话题。

儿童对儿童的需要，甚至超过了他们对母亲的需要，正如《建筑模式语言》里说，通过详细的数据调查，儿童在成长期，必须至少和5个同龄儿童保持持续的接触。如果儿童与儿童不能在一起痛痛快快地玩，会对精神性格造成重大的创伤。

儿子的朋友们如今天各一方，通过QQ群、朋友圈保持彼此的联络。技术创造了另一种保持关系的生态，没有了故乡的记忆、发小的维系，会对心理、成长产生不利的影响吗？这种担忧是多余的吗？未来不可定论吗？

# E

用《建筑模式语言》模式之二十六"生命的周期",来回应上面这个问题,也结束本篇。 这段文字特别的美,让人相信无论社会如何发展,总有一些根本的东西,是人类独特性的生命的美感:

**1**. 为了使人的生活过得美满充实,在其人生的不同时期,每一个时期都要划分得一清二楚,各具特色,决不雷同。对此,社区责无旁贷。

**2**. 《认同感和生命周期》一书,描述了生命周期的不同阶段的八对关系:婴儿的信任对不信任;幼儿的自主性对羞怯和怀疑;儿童的主动精神对内疚;少年的勤奋对自卑感;青年的认同感对认同感的扩散;初出茅庐的成年人的亲密感对孤独感;成熟的成年人的开创力对迟钝性;老年的完整性对绝望。

**3**. 与此相关,平衡的社区包括对环境的历史记录,从一个时期到另一个时期的世俗礼仪:婴儿要有带栏杆的小床和诞生纪念物;幼儿拥有自己的地方和特殊的生日;儿童有邻里的游戏的场所和最初的朋友;少年有冒险的地方并付应付之款;青年有兴趣协会和毕业典礼;未成熟成年人有夫妻的领域并建造家园;成年人有自己的书房和一些公共权益的集会;老人则有家庭相伴并准备好葬礼和墓地。

# 《建筑模式语言》读书笔记

《建筑模式语言》是加州大学伯克利分校环境结构中心的研究成果。其通俗而智慧的语言，完全没有专业研究机构的深奥与距离，在让人们轻松了解建筑规划与社会的关系的同时，拓展至对人性的洞察。最最重要的是，它的研究方法给人以崭新的启示，给我们很多细微而具体可实施的结论，这些结论都是经验与科学积累的结果，尤其是生态学与社会学的。大的方面，如我们如何从最原始的、最基础的那里找到我们未来应该的方向；具体到现实，一个"好社区"有何规律可循。

读书笔记中，根据自己的理解为每一模式画了一幅小图。当我努力用图形理解和化解文字的时候，更加深了我对模式的认识。尽管因为能力的局限，画不达意，但这也是一种递进阅读方法。

## 前言

这些模式在今天和以后的500年间将成为人性的一部分，成为富有人情味的行动的一部分。

# 01 / 独立区域

**1**. 大都会各区只有在它的每一区都成为小的自治区，并足以成为独立的文化区时才会趋于平衡。

**2**. 希腊式民主中，全体公民都能聆听演说家的雄辩，并能对立法问题直接投票。因此，他们的哲学家认为，一个小城市可能是最民主的"国家"了。

**3**. 独立区域是语言、文化、风俗、经济和法律的天然容器。无论你在什么地方，都要竭尽全力促进独立区域及文化的发展。

# 02 / 城镇分布

**1**. 小村庄不会产生现代文明，世界毁灭一定是城市过大。

**2**. 经济学和生态学论证：100万人口的城镇相距250英里；10万人口的城镇相距80英里；1万人口的城镇相距25英里；1000人口的城镇相距8英里。

**3**. 睿智的政府应制定分区与土地转让政策，刺激鼓励合理的城镇分布。

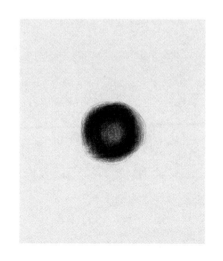

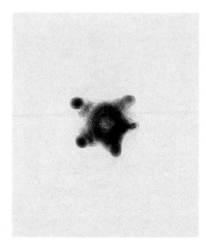

# 03 / 指状城乡交错

**1.** 城市同乡村保持密切接触是一种生物学上的需要。现在还无法透彻理解人为什么一听到鸟儿的啼鸣就会产生心理的愉悦感，估计跟遗传学有关。

**2.** 将市区扩大成蜿蜒曲折的向农田延伸的指形地带，每人应当在10分钟之内能够步行到乡村。

**3.** 城市指状带的宽度应不超过一英里，而农田指状带的宽度不应小于一英里。

# 04 / 农业谷地

**1.** 适合农业的土地也最适合于建筑，而土地被毁坏，多少个世纪都无法恢复。所以要慎重。

**2.** 保护农业谷地，即使不能成为农场，成为荒野也很好啊。

**3.** 城镇发展向山坡和高地转移，谷地一览无余，看城市或者从城市看出去都很美。

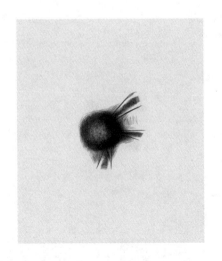

# 05 / 乡村沿街建筑

**1.** 市郊是人类聚居地过时的、充满矛盾的形式。

**2.** 在城乡交会的地区，各乡村至少相距一英里，以便原野和农田保持至少一平方英里的完整性。在公路沿线建筑家园，离公路有一宅基地的间距，宅基地至少半英亩面积，在住宅后有一平方英里的旷野和农田。

**3.** 听起来好象很奢侈，按照如此规划，一平方英里会出现400户人家、1600人，其实和普通市郊人口密度相差无几。

# 06 / 乡间小镇

**1.** 大城市犹如一块磁铁，乡间小镇保持繁荣的出路是保养乡村的味道。

**2.** 政府激励对农业区进行农业性冒险投资；划分绿化带与城市区隔保护小城镇；小城镇提供不同于城市的社会分工服务，比如旅游、度周末、野营，还有让那些不喜欢城市的老年人隐居，当然也包括一些过劳的年轻人。

**3.** 把每个小城镇当作政治社区对待，让其自给自足，不要成为外地工作人员的集体宿舍。

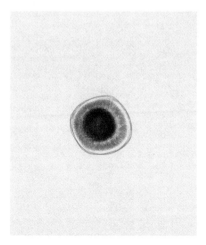

# 07 / 乡村

**1**．为了利用土地，土地应当属于一个大家庭的全体成员：其中许多人已经死去，少数人还活着，无数人尚未降临人世。

**2**．我们把土地当作享乐的工具和经济利润源泉，土地就是迪斯尼乐园。公众将失去自由自在地欣赏田园风光、充满乐趣的野餐和探幽。

**3**．应该把所有非城市的土地——乡村，都定义为公园。

# 08 / 亚文化的镶嵌

**1**．价值观念不可名状的混合将趋向于产生毫无特征可言的人。价值观念不可名状的社区将变得毫无文化意义。

**2**．可以有多元城市，但一个社区多元化是糟糕的。亚文化区是生态学领域的事。空间上是分散的、各具特色的亚文化区才能保持其特色，作为个人才能获得个性上的认同与尊重。尽可能把城市划分为数量众多的、小型的、彼此截然不同的亚文化镶嵌区。

**3**．亚文化区是小规模的，小到足以使每个人都能到与之相邻的生活方式丰富多彩的亚文化区去。最大的亚文化区是直径为四分之一英里，拥有7000人的社区。

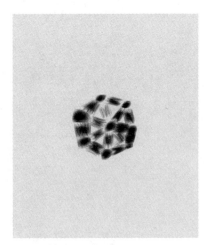

# 09 / 分散的工作点

**1**. 住宅和工作之间的人为分离造成人们精神生活中无法忍受的创伤。这种分离会强化如下看法：工作是苦力，家庭生活才是"充满生气的"。

**2**. 避免工作点过分集中，和家庭生活脱节。小型的、分散的工作点更适应日新月异的市场需求与供应状况，其创造性程度大大超过集中而又尾大不掉的大工业企业。记住，城市就是集中的全部实惠，不是其他。

**3**. 让工作有家庭感。大家可以午餐时碰头，孩子们能来串门，看看爸爸怎么工作。

# 10 / 城市的魅力

**1**. 城市如果只有那些居住在最中心的富有的幸运儿才能饱览它的丰姿，那这个城市是一个徐娘。

**2**. 在大城市区内每个人都能达到的地方设置具有城市魅力的商业区，5万人的城市要有一个足够大的市场，10万人的城市应该组织一个交响乐队。任何一个商业区都不能发展到为30万人以上的人口服务的规模。

**3**. 城市的魅力就在于自己所处的商业区拥有城市所有商业文化中的一种模式的鲜明特征。这样，所有的城市商业区都值得光顾一番。

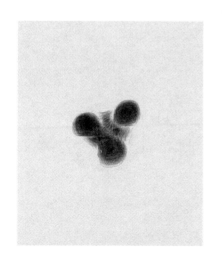

# 11 / 地方交通区

**1.** 一旦做出明确区分短途旅行和长途旅行之间的区别,汽车带来的交通与社会问题便可迎刃而解。汽车本身不会产生问题,用汽车做短途的交通工具才是问题所在。

**2.** 当人们使用汽车时,每个人占据的空间是步行时所占空间的100倍。汽车仅仅由于它的几何形状而引起社会瓦解是完全可能的。

**3.** 把城区划分为地方交通区,每一区直径为1至2英里,区内交通为步行或自行车,并设置障碍让汽车行使不便。如果10英里之内的距离仍然存在大量使用私家汽车的话,这样的规划和城市管理就会带来巨大的社会问题。

# 12 / 7000人的社区

**1.** 把"国家划分成区"是杰斐逊总统的竞选口号,这是防止犯大错误的有效的管理手段,不是人不够聪明能干,而是是人都会犯错误。可以通过技术手段让错误程度减小。

**2.** 在任何一个超过5000至10000人的社区里,个人的呼声是不会有任何效果的。雅典全盛时期的拇指原则:地方机构的最高成员,与任何一个市民之间不应间隔两个以上的朋友。假定每个人在他的地方社区认识12个人,根据这一见解,一个政治社区的最佳规模是5000人。

**3.** 把地方政府放在很显眼的位置,而不是令人生畏的、感情疏远的、脱离现实生活的、隐藏的大楼内。从生态学的角度讲,让他们暴露在危险中一些,会让他们更自觉。

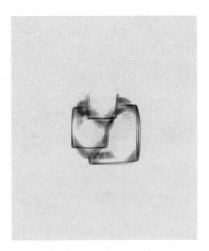

# 13 / 亚文化区边界

**1.** 各亚文化区必须被一片尽可能大的、无人居住的土地分隔开来。

**2.** 在自然界，同一物种的一部分成员和另外一部分成员彼此间被空间边界——诸如峻岭峡谷、大江巨川所隔断，会演变得具有明显区别的品质特性。两个民族相距太近会造成纠纷，并让弱势的一方失去自己的文化特色。

**3.** 天然边界可能是这样一些地方：乡村，通往水域、僻静区、珍贵的地方，池塘；人为边界可能包括环路、工业社区、工业带、青少年协会、有屏蔽的停车场。

# 14 / 易识别的邻里

**1.** 今日的社会发展正在毁灭邻里。人们需要属于他们自己的、容易识别的空间单元。

**2.** 一个邻里的合理人口——500人是比较现实的数据，空间直径范围不大于一个街区（300英尺）。不仅如此，道路每小时交通量超过200次，探亲访友的就寥寥无几了；每小时交通量超过550辆，街上邂逅聊天就更凤毛麟角。

**3.** 易识别的邻里社区对街道的态度：街道生活并不侵扰我的家，从街上带进来的只是一片欢乐。我感到我的家扩展到整个街区。

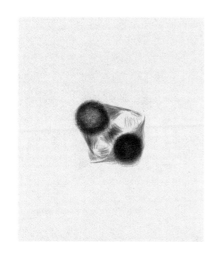

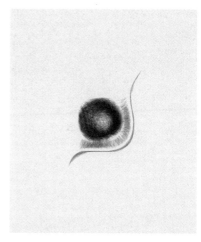

# 15 / 邻里边界

**1**．亚文化区边界的论述也适用于有独特风格的邻里，它就是亚文化区的缩影。

**2**．从心理状态获知，邻里边界最重要的特征是限制进入邻里的道路，哪怕是感官上的。比如，社区形成更多的丁字路就比网格路更容易形成邻里边界；再比如，进入一条街道有标志性的入口与过渡区。

**3**．为了避免太过封闭，街角有杂货店或一些小聚会的坐椅，是最亲切的邻里边界。

# 16 / 公共交通网

**1**．法国的铁路系统完全集中在巴黎，和它不同的瑞士铁路系统，即使在最遥远的山谷和最小的地方，铁路仍然为之服务。这样做赚不了钱，而是出于人民的意志。法国各地区的繁荣衰落都取决于同巴黎的联系，而瑞士工业遍布整个国土，这个国家社会结构稳如磐石。

**2**．处理公共交通的传统方法是，假设线路是第一位的，而将把线路连接起来的换乘站作为第二位。我们的建议应该刚好相反。

**3**．让地方社区来控制换乘站，以便社区只同为这些换乘站服务的那些运输公司签订合同。这样能避免各个公司由于竞争而产生不合作的现象，公共交通系统才能发挥最大的效能。

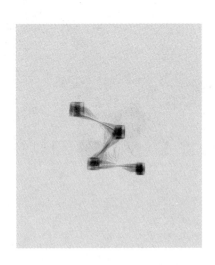

# 17 / 环路

**1.** 不能分割社区。

**2.** 每一地方交通区应至少一侧不和高速公路邻接，而是能直通乡村。

**3.** 高速公路应低于地面，否则1至2英里范围内噪音都清晰可闻。

# 18 / 学习网

**1.** 城市应向它的青年传授生活方式。无正规学校教育的社会能培养独立思考和独立行动的具有创造性、积极进取的人。

**2.** 实现学习过程的非集中化，通过城市的许多地方和市民的广泛接触，来丰富学习内容：车间、家庭教师、热心帮助青年的行家、教小孩子的大孩子、讨论会、兴趣小组、师徒。考察这些状况，描述他们，设想把他们排成"城市的课程表"。

**3.** 这种学习也应视情况付费，为社区纳税以便扩大和丰富学习网。

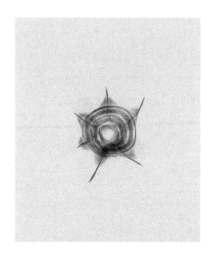

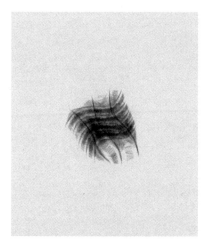

# 19 / 商业网

**1**．每一个商店既可开在没有竞争对手的新区，也可开在希望能吸引对方顾客的剧烈竞争区，人们往往倾向于第二种。

**2**．事实是第一种选择更安稳，商店要均匀地分散，少强调竞争而多强调服务。当然要保持足够的竞争，让经营不善的商店停业，但重点是强调合作而不是竞争。

**3**．社区商业和中心商业有差异，最好的是，社区商业合作多一些，稳定一点；中心商业竞争得头破血流，顾客才能享受更好的服务。

# 20 / 小公共汽车

**1**．公共交通必须有能力在大都会把旅客从一点运往任何一点。

**2**．出租车费用昂贵，而社会中存在大量的没有轿车和收入更低的人群，包括残疾人，小公共汽车保证把他们送到家的拐角处而不是社区大门。

**3**．建立小公共汽车系统，载最多6人，由无线电控制。人们通过拨号打电话雇车，每条线上隔600英尺建立站点，并在站上安装电话并可直接与司机交流。在线上的小公共汽车为了接送客人可以适当地绕一下，拐一下。

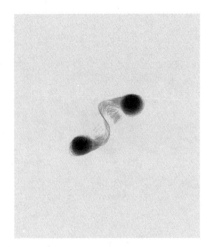

# 21 / 不高于四层楼

**1.** 高耸入云的建筑会使人发狂。精神病和犯罪率提升一倍。

**2.** 居住的房子，"不高于四层"能恰如其分地表达出建筑的高度和人的身心健康之间的相互联系。

**3.** 当母亲在厨房的窗户看不见自己在街上的孩子时，就会焦急担心，数据统计，仅仅因为建筑的形态，儿童与外界的接触交流。100分是满分的话，低层建筑有86分，而高层只有29分。

# 22 / 停车场不超过用地的9%

**1.** 人们下意识地认识到外界环境是他们社会交际的媒介。从社会和生态方面讲，那些富有人情味的，尚未被停放的汽车所毁坏的环境，用于停车场的面积小于9%。

**2.** 每块土地都必须能自己照料好自己，绝不允许解决这块土地的问题以牺牲另一块土地为代价。独立停车区遍布整个社区。独立自主、一丝不苟地运用这一原则。

**3.** 地下停车场无法满足所述条件时，它会破坏植被而改变地面空间的性质。再重申一下，用地不超过9%，并且每一停车区不大于10英亩，也即300辆车。这当然会引起商务中心的巨大变化，所以公共交通网和分散的工作点的社会意义非常深远。

# 23 / 平行路

**1**．现已证明，今天城市街道上汽车的失速问题主要是由交叉道路所引起，即左转弯和十字路口。瑞士伯尔尼是没有严重堵塞的几个欧洲城市之一，原因就是其古老中心是由五条平行路构成，几乎没有交叉街道。

**2**．主干路是交替单向平行路，相互隔开几百英尺的距离。它会造成很多绕道，但全面分析之后最使人感惊讶的是，相似的状况，旅程长度只会增加5%，但平均车速会提高3倍。

**3**．为了使城市保持这种性质，必须阻止人们利用汽车做短途旅行。

# 24 / 珍贵的地方

**1**．人们不能维持他们精神上的根及与往昔的联系，如果他们居住的世界不能维系这种根的话。简而言之，历史遗迹是区域的精华。

**2**．在任何一个大的或小的地理区域都要向一大批人征求意见：什么能体现或代表他们与这块土地息息相关的命运。

**3**．一旦这些有意义的地方被选中，就要对它进行修缮保护，强化其公共意义。最有效的办法是人们要步行经过一段路程才能到达，避免源远流长的根遭到亵渎。

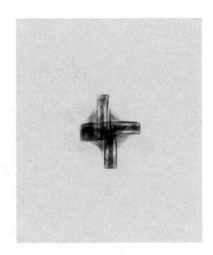

# 25 / 通往水域

**1**. 人们具有一种天性——向往万顷碧波。但人们纷至沓来，会使水质遭到破坏。

**2**. 滨水区的土地必须作为公共用地保留，凡破坏滨水区的公路只能靠后设置，靠近滨水区的公路只能与之成为直角。

**3**. 滨水地带的宽度影响滨水区的生活方式。高密的开发区域可能只是一条简易的石砌散步道，低密的开发区可能有海滩往上延伸几百码的一片公共用地那么宽。

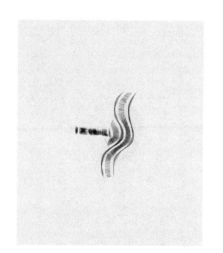

# 26 / 生命的周期

**1**. 为了使生活过得美满充实，人生的每一个时期都要划分得一清二楚，各具特色，决不雷同。对此，社区责无旁贷。

**2**. 《认同感和生命周期》一书描述了生命周期的不同阶段的8对关系：婴儿的信任对不信任；幼儿的自主性对羞怯和怀疑；儿童的主动精神对内疚；少年的勤奋对自卑感；青年的认同感对认同感的扩散；初出茅庐的成年人的亲密感对孤独感；成熟的成年人的开创力对迟钝性；老年的完整性对绝望。

**3**. 与此相关，平衡的社区包括对环境的历史记录，从一个时期到另一个时期的世俗礼仪：婴儿要有带栏杆的小床和诞生地纪念；幼儿拥有自己的地方和特殊的生日；儿童有邻里的游戏的场所和最初的朋友；少年有冒险的地方并付应付之款；青年有兴趣协会和毕业典礼；未成熟成年人有夫妻的领域并建造家园；成年人有自己的书房和一些公共权益的集会；老人则有家庭相伴并准备好葬礼和墓地。

# 27 / 男人和女人

**1**. 幼儿园的活由妇女干；职业学校的事男子做；超级市场由妇女经管；五金商店由男人营业。在男女分离极端严重的社会中，人们忽略了以下事实：在生活中没有任何一个领域纯粹是男人干的事或纯粹是女人干的事。

**2**. 只有男人和女人两者能够共同影响城镇生活的每一部分，我们才会了解什么样的空间模式将最好地与这种社会秩序共处。

**3**. 从厨房到工厂，任何规模的项目，均要切记男人和女人数量之间的平衡。

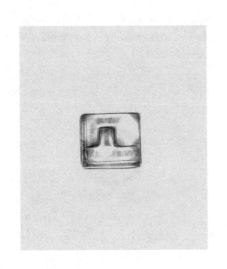

# 28 / 偏心核

**1**. 城镇既没有十分密集的活动区，也没有异常的安静区，地方密度的随机性搞乱了社区的个性，制造了混乱。

**2**. 居民总是下意识地去市中心的购物中心采购，而不是向着市郊走。从这一顾客汇集现象，得出以下结论：社区的中心，也即最热闹的地方，应设置在社区朝向较大城市中心的那个点上，即中心应当设置于朝向城市的社区边界上。如果我们遵循它，就会发现我们的城市中一条优美的鳞状的梯度变化曲线，城市若有如此高度连贯的结构，活动区和安静区就一清二楚了，而且人人都可以进去。

**3**. 在每一社区的边界内，标出最接近于最近的城市中心的那一个点，这一个点将成为密度峰，并成为"偏心"核心的核心，容许高密度区从边界向社区的中央凸入，从而扩大朝着中心的偏心核。

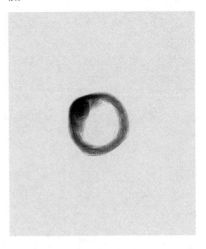

# 29 / 密度圈

**1**. 方便和宁静，两种愿望的平衡决定住宅密度的梯度曲线。

**2**. 一旦社区核心十分清楚地选定了位置，则要环绕核心规定逐步递减地方住宅密度圈。因为实验证明，人们的居住选择偏向从方便到宁静的生活平衡选择，人数也是逐步递减的，有准确的数据规律可循。

**3**. 由于这样的选择，在每一密度圈内可利用的住宅总数，完全有可能符合希望住在这些距离内的人数，这样，在离中心的不同距离内，土地价格就没有必要不同。无论贫富，都能找到他所需要的动静平衡。

# 30 / 活动中心

**1**. 为社区创建集中常去的地方，仅仅是独立分散的社区无补于城市的生活。

**2**. 修改社区内小路的布局，让人们要很方便地走到活动中心。同时，这些中心要足够小，45乘60英尺够了，它能使正常的公共生活井然有序地集中起来。而活动中心的功能是互相支持的，在一天的同一时间里，吸引相同的人。不能把小花园、嬉戏设施和物业保安集中，人们走进这两种地方心情是不一样的。

**3**. 在整个社区创立许多活动中心，相互间的距离约为300码。

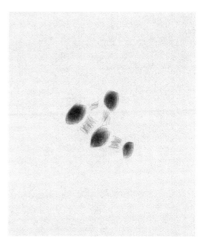

# 31 / 散步场所

**1**. 每个亚文化区都需要一个居民进行公共活动的中心：即你可以去那里观看他人和你被他人所观看的一个地方。

**2**. 经过推测，在10分钟或更少的时间内就能到达地散步场所，人们将会经常使用它——甚至每周一两次。而超过20分钟才能达到的场所居民就不怎么去了。

**3**. 每150平方英尺内平均不到一人的地方，看起来死气沉沉、毫无吸引力。1500英尺长的散步场所适合典型集中区的人口密度，如果它的宽度不超过20英尺，应能充满生机。

# 32 / 商业街

**1**. 购物中心的形成和发展取决于交通的畅通程度，它必须位于主要交通干线附近，但同时，顾客还希望获得安静、舒适、安全的购物心情。

**2**. 地方的商业街应以短的步行街的形式发展起来，它们和主路成直角相交，商店不在这些有汽车通行的街道上，而停车场应该辟在商店区的后面。

**3**. 在商业街与公路十字相交的地方，要使交叉道路开阔，并向行人提供优先权。

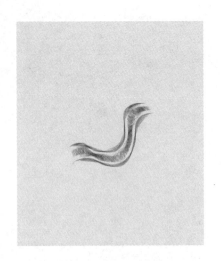

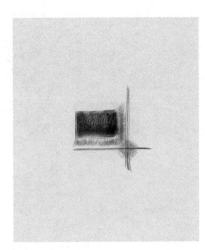

# 33 / 夜生活

**1**. 每个社区都应有某种公开的夜生活。人们乐于夜晚出门。城镇的夜晚别有情趣。

**2**. 灯火通明，是夜生活的必要元素，人们才能感受到夜晚的安全。因此，本身不能产生足够的吸引力的独立的咖啡座、冷饮店、酒吧间、书店、小超市、加油站必须集中起来。根据观察，形成夜生活活动场所的数量最小数字是6。

**3**. 但是，另一方面，把各种夜生活活动场所联合成大规模的夜市活动中心，也会使人在感情上产生疏远。应该鼓励把夜生活活动场所均匀分布在整个城镇。

# 34 / 换乘站

**1**. 特别需要公共交通的人的工作地点和住宅应位于换乘站周围。

**2**. 使换乘站的内部和外部的行人网络成为一个连续的整体，比如，停车场应设在和换乘站一边，用桥梁和地下通道让换乘时的步行连续。

**3**. 要使不同交通方式间的换乘距离缩小到300英尺，绝对最大值不超过600英尺。

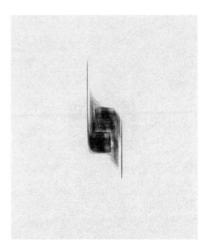

# 35 / 户型混合

**1**．在生命的周期中，没有一个时期是自我满足的。

**2**．鼓励在每一个邻里内、每一住宅组团内发展户型混合，以便单人住宅、夫妻住宅、拖男带女的家庭和集体住户相邻共处。人们通过这种媒介才会感觉到他们的生命之路。

**3**．这种混合的尺度究竟是多大呢？就区域整体而言，应确定每一种户型需求的百分比，用百分比去指导邻里逐步发展的户型混合。同时，如果这种混合存在于一个小得足以具有某种内部的政治和人情交往的群体中时——这可能是由12个家庭组成的一个住宅组团或一个500人的邻里，这种混合才会发挥积极的作用。

# 36 / 公共性的程度

**1**．人们是各不相同的，其最基本的区别之一是他们以不同的方式在邻里内为自己的住宅选址。

**2**．喜爱社区型和喜爱私密型的人们性格迥异。他们对安全的态度一致，对安全的方式不尽相同。外向型认为熟悉就是安全，内向型觉得不为人所知就很踏实。当然还有处于中间状态的人士。

**3**．在每一邻里内建造大致等量的三种住宅。僻静的地方道路弯弯曲曲；热闹的地方，从早到晚都有行人通过。

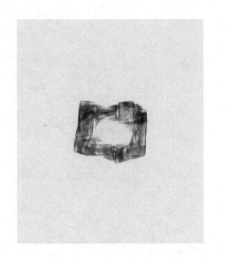

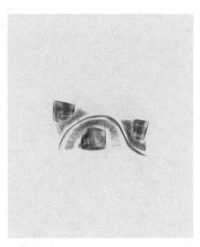

# 37 / 住宅组团

**1**．居民在各自的住宅内不会感到舒适，除非住宅能形成一个住宅组团，并有一块各户共有的公共用地在其间。

**2**．在某一公共用地四周或道路两侧安排建造住宅，形成粗略但易识别的由8到12栋住宅构成的住宅组团。住宅组团的布局以每个人都能步行通过它而无侵入私人土地之感为准绳。

**3**．人们相互确认对方存在的价值，是不可或缺的最低限度的人性。

# 38 / 联排式住宅

**1**．典型的联排式住宅内部是昏暗的，而且好像从同一个模子里造出来，缺乏生活的情趣，并受到彼此交通的干扰。

**2**．解决上面的问题，联排式住宅要坐落在人行道两侧，而这些人行道与地方公路以及停车场直角相交，让住宅只面向小路。

**3**．同时，使得每一住宅正面宽且进深浅，力争让住宅的30%是固定周边，70%是自由变动的周边，而不是与之正好相反的以往不好的模式。

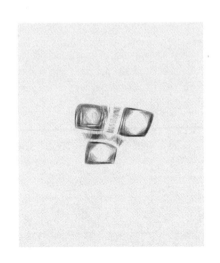

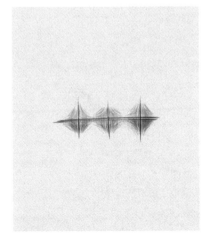

# 39 / 丘状住宅

**1**．人们的生态需求，在居住中呈现三种特征：一、同地面和邻居联系；二、拥有私人花园；三、每一单元各具特色。

**2**．为了在每一英亩内建造33幢以上的住宅，或为了建造三至四层楼高的住宅，丘状住宅是能够满足人们生态需求的。

**3**．使它们形成层层退形的阶梯形露台，每户都有私密的室外空间，呈缓坡面向南，中央有一条室外楼梯也面向南，并延伸至地面的公共空间。

# 40 / 老人天地

**1**．老人需要老人，但老人也需要年轻人，而年轻人也需要和老年人保持接触。一旦老人被隔离进老龄社区，他们和过去的关系就会一笔勾销。

**2**．老人需要事情做，老人用自己的智慧和经验对小东西备加爱护，而孩子们又转过来成为他们虚弱的眼耳手足。老人由于过分的体贴入微的关照会变得意志薄弱，他们被好心的孩子送进全面护理的疗养院，反而不能自足。

**3**．社区应保证正常的年龄分布，每600人中应该有30至50名65岁以上的老人，老人就不会觉得生活寡闷，老人中有5％需要全时照料，也就是每50个老人中有2至3人需要全面护理，一位护士能伺候6至8名老人，这样，邻里集体聘请护士负责全面护理是可行的。最重要的是让老人住在他们熟悉的邻里内。

# 41 / 工作社区

**1**．确保工作就是生活而不光是在挣钱，最好的方式是工作点周围的地区应当是一个社区。

**2**．各种行业老死不相往来，导致相互漠不关心。我们认为，各种职业都富有内在的价值和尊严，不分高低贵贱，人们对社会负责的那种局面才会出现。工作社区有助于不同职业的人交流。

**3**．鼓励形成工作社区，让整个社区都有若干小的工作点，或是庭院、广场，或是一间小的咖啡馆，或是午餐的地方。但全工作社区的工作点不应超过10至20个。

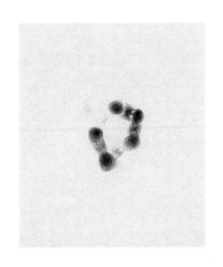

# 42 / 工业带

**1**．被夸大了作用的划区法把工业和城市生活完全分离开了，并促使居民住宅的邻里变得非常不符合现实生活。工厂影响居民的宁静和安全，居民也把工厂当作疾病，可是又要依赖其提供生活的保障。

**2**．为工人提供福利，环绕在公园四周的花园更多是为了炫耀，相比起几个小小的内部庭院对工人们的用处，工业公园对城市的社会生活和精神生活贡献为零。

**3**．数据显示，只有9.9%的工厂才需要20至25英亩的土地。工厂有能力足够小，就有可能在密聚的街区腾出一个必不可少的1至25英亩的场地。工业带宽度为200至500英尺，分散到长长的街区去，让它来形成社区之间的边界，邻里边界区就不会是一个被人遗忘而危险的地区，小孩子也容易去那里玩。

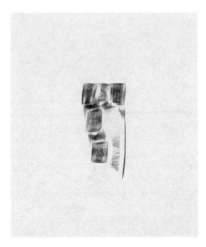

# 43 / 像市场一样开放的大学

**1.** 集中的、与世隔绝的大学扼杀各种学习机会。

**2.** 大学如同传统的市场，成百上千个小摊点，来者不拒，能者为师，有人授课，这门课就算开设了。

**3.** 作为一种社会观念来看，这意味着大学向各种年龄的人开放，他们可以去上课，上到一半可以去小便，小便之后不回去。从物质环境来说，市场式大学有一中心十字路口，大学的办公室就位于此处。教室应从该十字路口向外扩散，沿步行街分散在两侧的小楼房内，与全城镇融为一体。

# 44 / 地方市政厅

**1.** 居民缺乏政治力量，便无法行使地方管辖权，因为在物理环境上就没有提供这样的空间形式。

**2.** 地方市政厅不是有形的政府形象，其目的是使居民参与，代表自己，发表仅仅属于社区的意见。

**3.** 在每一个7000人或更少人数的社区内，应建立一个装有扩音系统的论坛、长凳和张贴通知的墙壁，并把它设置在最繁华的交叉路口。

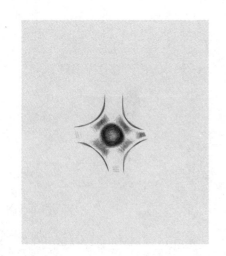

# 45 / 项链状的社区行业

**1.** 如果地方市政厅周围没有居民们为他们自身创办的各种小的社区活动中心和兴趣行业，那么它将不具有履行社区职责的能力。

**2.** 社区自治政府的蓬勃取决于为数众多的、特定的政治团体和兴趣小组。但一般来说，这些团体规模小，资金不足，社区有责任提供不收租金或者极低租金的小活动场地。这些场地像个小店面，建造得妙趣横生，行人一眼就能看明白团体的思想和宗旨，让他们自由发挥功能，检验自己的思想。

**3.** 举个例子，想想这样的社区，比如这样的团队活跃在社区之中：为贫困儿童收集旧物、社区绿化爱好小组、小小的社区摄影展、自助的跳蚤市场、居民之间的物品置换空间。

# 46 / 综合商场

**1.** 超级市场可能越来越大，并和其他工业联系在一起，一排排货架，与收款员短暂乏味的接触，使得市场缺乏人情味的交往。

**2.** 提倡建立综合市场，由许多小店构成，建筑结构尽量简易，只提供屋顶、主柱和走廊。允许各种不同的商店，根据各自特长和需要，创造他们自己的环境。

**3.** 综合市场如何抵抗超级市场的竞争，一方面，小商店需要集群与协作。另一方面，与身材瘦削、活灵灵眼神的果农交谈与侃价的乐趣，使得人们不需要那么追求效率。

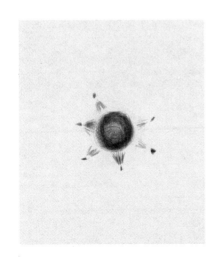

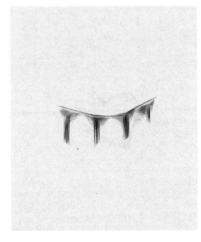

# 47 / 保健中心

**1**. 在一个普通的邻里内，根据简单的生物学标准来评定，90%以上的来往行人是不健康的。

**2**. 大医院中，病人被当作商品看待。更遗憾的是，一些所谓的保健中心尽管提倡保健而非治病，但只不过纸上谈兵，方法不当强化的却是病人对自己病的病态行为。

**3**. 英国著名的佩卡姆保健中心，两名医生负责管理，医生的注意力是游泳池、舞厅和露天的餐厅，而接受体检的，不是个人，而是全家人。这是一个日常的聚会。

# 48 / 住宅与其他建筑间杂

**1**. 无论什么地方，城镇的住宅区和非住宅区截然分开，非住宅区将迅速变成贫民窟。因为，在使用者不是所有者的那些地方，将缺少整体环境组织中不断进行适应和修正的序列，而破坏社区环境的整体质量。

**2**. 一个人在精心布置家庭方面总比在其他地方花时间多，要他在感情上平分秋色是不可能的。

**3**. 为防止白天吸引人的地方正在成为无人居住区，要把住宅间杂在各种建筑功能的结构中，使整个地区适于居住。

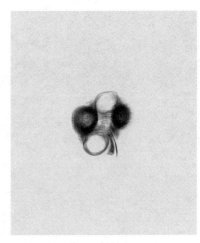

# 49 ／ 区内弯曲的道路

**1**．直达交通速度快，噪音大，非常危险，区内的道路都应该设计成弯曲的。

**2**．过路汽车在此路上没有目的地，重要的是不能让司机找到任一条有捷径的弯路。

**3**．一条弯道为50幢住宅服务，让弯道服务的汽车数量低于50，安全和安静就有保障。并且务必使道路真正狭窄：17至20英尺宽就足够了。

# 50 ／ 丁字形交点

**1**．十字交叉点上的碰撞点多达16个，而丁字形的只有3个。

**2**．更充分的证据证明，丁字形交点垂直相交，最安全。

**3**．知道该怎样设计公路了吧。

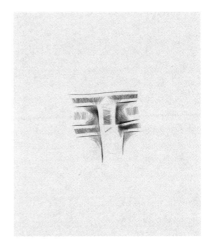

# 51 / 绿茵街道

**1.** 沥青和混凝土只适用于铺筑高速公路，而一条通往住宅的道路铺上寥寥的几块石头就足够了。

**2.** 地方公路铺筑得又宽又平，就会鼓励司机高速驱车通过我们的住宅。行人无可坐，孩子无可玩，地表排水遭破坏，动植物无法生存。

**3.** 在路面上栽种绿草，上面偶尔铺砌石头，够车轮滚动就成，开车的时间毕竟是少数，这样，我们就有可能拥有绿草如茵的街道。

# 52 / 小路网络和汽车

**1.** 汽车对于行人来说是危险的，可是各种活动恰恰发生在汽车和行人汇合的地方。行人和汽车分开，各行其道，是普通的规划实践，可是，在任何车辆完全隔离的地方，很少有那种生机盎然的情景。

**2.** 模式之五十一提供了一种人行路和车行路合二为一的方式，但在交通密集的区域，小路和公路并行，解决问题的最好办法就是修建特别宽的人行道。

**3.** 如果把人行道设计成与公路直角相交，而不是并行，小路就会逐渐形成与公路截然不同的第二网络。

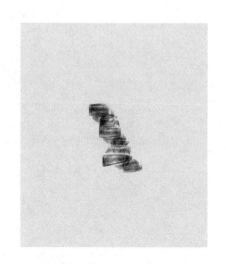

# 53 / 主门道

**1**. 城镇的任何一个地方，无论大小，都是它的居民可以识别的某种地区。强化这种识别，以使该地区的独特性被加强，显得生动，需要跨越边界的灰空间，也即社区的标志。

**2**. 边界标志意味着，一种活动的结束，另一种活动的开始。

**4**. 一扇门，一座桥，一个林荫道，或者穿过楼房的灰空间，使灰空间成为富有人情味的完整的建筑构件。

# 54 / 人行横道

**1**. 公路交通量对于横穿公路的人足以形成2秒以上的延时，就应该在交叉路口造一个关节。

**2**. 让汽车减速的方式是人行横道比公路高出6至12英寸，并且有一斜坡与公路衔接，坡度为1:6，这样人在横道上从远处容易看清楚，强调了人在人行横道上的权利，而对汽车来讲这也很安全。

**4**. 还有一些办法。比如，把公路宽度缩小到仅有直通车道的宽度；在车道间设置安全岛，你可以一个一个地跳过去，在宽阔的道路上适合这样的形式。

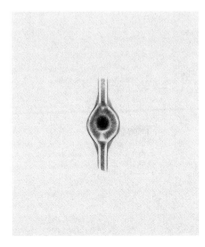

# 55 / 高出路面的便道

**1**. 当人行道高到不能让汽车撞上人们，他们才会感到安全、舒适。

**2**. 首先要足够宽，超过12英尺。小于6英尺时，人会感觉汽车在身边呼呼而过。如果条件不允许，就在公路一侧设置人行道。

**3**. 其次是高度。汽车爬上6英寸高很容易，而让汽车处于行人的视线之下，便道有18英寸高时，行人就感到安全。

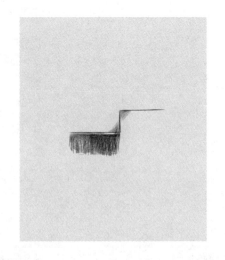

# 56 / 自行车道和车架

**1**. 骑自行车的人总是受到正在他前面开车门的人伤害。

**2**. 骑自行车的人乐于在人行道而不是公路上骑车，因为这样对他们自己来说安全了，而且这样路程可能最短。

**3**. 有必要建造自行车专用道，低于人行道几英寸，将自行车道路引进距每幢楼房100英尺内，设置自行车架。

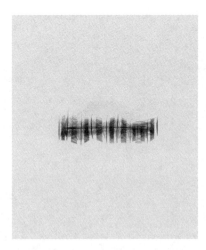

# 57 ／ 市区内的儿童

**1**. 儿童不能探索成人世界，不能成为名副其实的成人。而城市险象环生，儿童没有探索的自由。

**2**. 为儿童专门设置有颜色的小路系统作为自行车道网络的一部分，绝不与汽车相交，让这条道路受到注视与重视。

**3**. 儿童骑着三轮车穿过人行道、货栈、商店、花园，了解有趣的城镇生活。

# 58 ／ 狂欢节

**1**. 城市需要异想天开。

**2**. 城镇要留一部分空地供狂欢使用。

**3**. 人们需要发泄，如果不给予正当的空间，总会发展出病态的娱乐，比如打架斗殴。

# 59 / 僻静区

**1**. 城市需要僻静区。

**2**. 城镇的一部分要利用围墙、建筑物和间距来保持静悄悄。

**3**. 剑桥是一个例子，每个学院都有静悄悄的庭院延伸到剑桥河边。当然不应该止于大学，人都有此需求。

# 60 / 近宅绿地

**1**. 距离压倒需要，如果人们于绿地距离在3分钟以上，人们就懒得动。

**2**. 开阔的公共绿地距离每一工作地点的市民最好不远于750英尺。这意味着绿地应该按1500英尺的间距均匀分散全城。

**3**. 绿地直径最少为150英尺，面积至少在60000平方英尺以上。

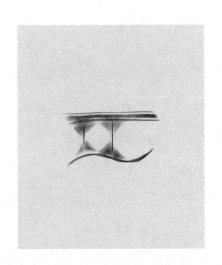

# 61 / 小广场

**1**. 广场太大，人们会感到空空荡荡。在一片空地面积超过每人300平方英尺时，人们就有荒凉之感。

**2**. 人脸在70英尺左右的距离才能辨认清楚，洪亮的声音在直径70英尺之内便会使人们下意识地感觉大家联系在一起。

**3**. 建造一个比你原先想象中小得多的广场。通常直径只有45至60英尺。这一点仅适用于它的横向宽度，纵向可以再长一些。

# 62 / 眺远高地

**1**. 攀登高地俯视纵览，是人的基本天性。

**2**. 高地具备区分与仰慕两种功能。

**3**. 7000人的一个社区应该有一个高地。高地过少会显得特殊而不能成为人们的标记。高地应被全社区的人看到。在任何情况下，自己攀登。不要让电梯公司打高地的主意。

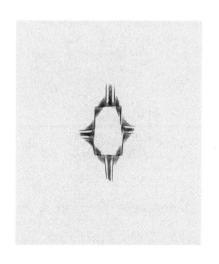

# 63 / 街头舞会

**1**. 今天人们不在街头载歌载舞的原因何在?

**2**. 情绪的变化受到环境空间的影响。

**3**. 在广场和夜市中心，有坐靠和小商亭的地方，建造一个略高于地面的平台。人在人群中起舞会感到羞涩，而在台上会觉得是在表演，可以不那么正常一点。

# 64 / 水池和小溪

**1**. 精神分析学家荣格认为巨大的水体表示做梦者的无意识状态。

**2**. 保存天然的水池和河流，让河流成为市内的天然障碍。

**3**. 把雨水收集在明沟，让它流经人行道和宅前。

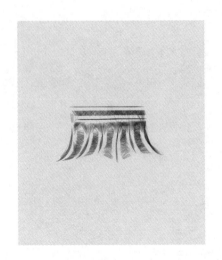

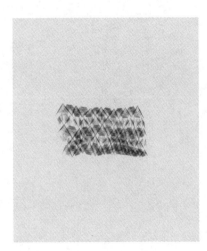

# 65 / 分娩环境

**1**. 分娩不是疾病，分娩是自然现象。

**2**. 产妇12小时之后才被允许抚摩新生婴儿，或许更长时间，才能看到丈夫。

**3**. 建造适于天然分娩的家庭护理室，全家人都可以住进来。分娩是在全家居住的一套房间内发生，大家都来接受训练教育。

# 66 / 圣地

**1**. 仪式是人生的重要纪念形式。人们通过习俗、社交而生根，使地方成为圣地。

**2**. 神圣的东西是因为人们感受到它的神圣。经过重重回廊、高低台阶、许多牌楼与大门，耐着性子才能揭示真相，这是空间带来的圣地感受。

**3**. 在每一社区邻里中，都要有一处容易识别的珍贵地方作为圣地，并形成叠套的围墙，幽深圣洁。人们在那里举行人生不同阶段的仪式，包括出生和死亡。

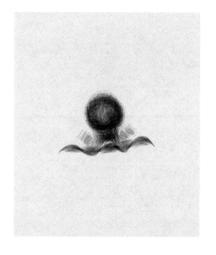

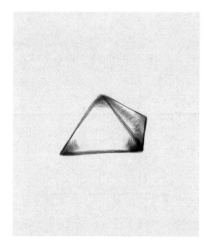

# 67 / 公共用地

**1**. 公共用地让人们感到与社会体系保持联系，并成为居民聚会的场所。

**2**. 邻里所需要的公共用地面积应约占私人土地的25％。

**3**. 这种公共用地和公园提供的空间不是一个概念，公园的公共用地缺乏住宅组团的功能基础。

# 68 / 相互沟通的游戏场所

**1**. 儿童需要儿童的程度超过需要他们各自的母亲。如果儿童不能在一起痛痛快快地玩，今后一生患某种精神病的可能非常大。不是恐吓，作者提供了详实的数据调查。

**2**. 儿童应该有安全的公共用地。父母就还会担心而让儿童一起玩耍。

**3**. 每个儿童必须至少和5个同龄儿童保持接触，至少要在每64户住家的范围内，有一片狭长不横穿公路的土地连接起公共用地、小路、花园，并把这片土地建成孩子们沟通的游戏场所。

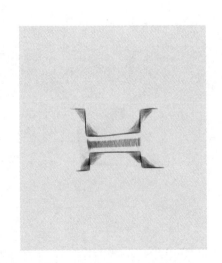

# 69 / 户外亭榭

**1**. 上面有顶盖，四周有立柱无墙壁，正好提供一种开敞性和封闭性之间的平衡。

**2**. 亭榭的合理设计会让空间变得富有人情味。考虑高出地面，低矮、少暴露的坐椅、齐肘高的"靠人墙"，分别提供给正在交谈和未允许但想听交谈的人。

**3**. 把亭榭设计在重要的便道旁，在住宅的视野内。

# 70 / 墓地

**1**. 那些激励人们在社会中努力生活的人纷纷谢世是每天司空见惯的现象。

**2**. 墓地设置在人迹罕至的地方，以及向儿童隐瞒死亡之谜的忌讳，是不太健康的。墓地和葬礼存在的最大意义是为了活着的人。

**3**. 缩小公墓范围，分散墓地，恢复墓地与社区的联系，安排围栏、墓旁小径，铭刻碑文，归属产权，让墓地成为圣地。防止墓地无止境，200年后，遗骸归大海。

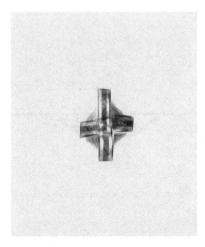

# 71 / 池塘

**1**．人们在自然的水边平安长大；相反，人工的池塘和游泳池会生出危险。

**2**．自然的水域都是缓缓地由浅及深，其中的各种东西、地形构造、生态环境有明显的序列，这样的过渡富有人情味。

**3**．池塘的起始水深为1至2英寸。

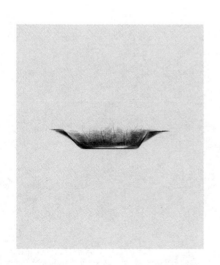

# 72 / 地方性运动场地

**1**．人体不会因使用而损坏，恰恰相反，不用才会损坏。体育满足肌肉需求以及心理感情。

**2**．体育锻炼要在近在咫尺的地方，场地要分散在每个邻里中去，人们才便与参与，跑步、网球、篮球，就像在街角杂货店一样。

**3**．开放运动场，使这些运动成为路人一睹为快的表演节目，并吸引他们参加。

# 73 / 冒险性的游戏场地

# 74 / 动物

**1**. 游戏的主要功能是培养儿童的想象力。看起来干净、挺好的、有益于健康的其实恰恰让儿童变得消极。

**2**. 小城镇有条件灵活地发展具有冒险性和富于想象力的游戏场地，因为有更多的没有被沥青覆盖的地面，有泥土，有干树枝，有岩石。这比儿童攀爬滑梯和秋千架强。

**3**. 给儿童空间，让他们再创造自己的游戏场地。

**1**. 保持与动物的接触对儿童的精神发展有十分重要的作用。这不是什么难事，到动物园看犀牛和在院子里观察蚂蚁有同样价值。

**2**. 宠物令人愉悦，但太人性化；老鼠蟑螂又有害。适当地把动物引回城市的自然生态环境中，是完全可能的。

**3**. 明确规定一片有栅栏围护、水草丰茂的公共用地，允许居民自由放牧，养鸭喂牛，动物在那里随地排泄而无需清除。

# 75 / 家庭

**1**．核心家庭不是一种可行的社会形式，它太小了。

**2**．鼓励8至12人的群体组成群居家庭，扩大家庭结构。

**3**．在满足夫妻独处的住宅之外，提供具有公共设施的公共空间，如烹饪、园艺和照料孩子。并在居住地的重要交叉路口，辟出空地，供群居家庭全体成员见面聚会。

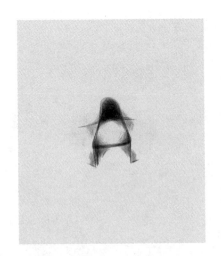

# 76 / 小家庭住宅

**1**．很少有父母对家里成人活动的区域没有清净、安宁和干净而感到高兴。

**2**．孩子围着大人转是十分自然的，有孩子的家庭让空间充满儿童的元素。

**3**．使住宅具有三个不同的组成部分：双亲的领域、儿童的领域和公共区。三个区的规模上大致相似，儿童的活动没有大人规律，所以不要觉得儿童区就应该比大人的房子小，而最大的是公共区。

# 77 / 夫妻住宅

**1.** 一对夫妇可能产生的最大问题就是双方几乎都不存在隐居或拥有私密性的机会。个性埋没在"夫妻"中。

**2.** 一旦隐退独处的需要得到满足，夫妻双方就会真正在一起相处，那时的住宅才能成为山盟海誓倾吐爱情的地方。

**3.** 设想夫妻的共同领域为半公开和半私密的，或许是两个小地方（房间），或许是一处凹形空间，也可以是半矮墙遮挡的角落。

# 78 / 单人住宅

**1.** 单人住宅的首要问题是简朴。

**2.** 单人住宅会是让人感到一种妙不可言的连续性构件，就像调煮羹汤，满屋飘香，是多房间不会有的情景。

**3.** 单人住宅和其他住宅的平面应不同，周缘应该有大小不等的凹室，可促进空间的使用与情趣，总面积不超过300至400平方英尺。

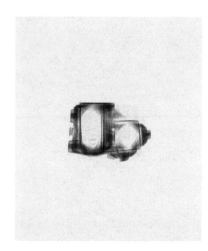

# 79 / 自己的家

**1**. 租赁房屋阻碍形成稳定的、自我康复的社区。

**2**. 追逐利润的房地产买卖诱使人们把住宅当商品来处理，是破坏性的，它是为了"再出售"，而不是满足自身的需要。这种动机不再能使造房的人把住宅造得适合他们自身的需要。房东尽量减少支出保养和维修费，房客也无热情对房屋花园进行舒适发展。结果出租的住宅区总是最先变成贫民区。

**3**. "安乐窝"发展是否成功取决于下面两点：住户都必须拥有住宅和户外空间两者所需的明确规定的基地范围；住户完全有权控制基地如何发展。

# 80 / 自治工间和办公室

**1**. 本模式所依据的前提只有一个：工作是一种内心获得慰籍的生活方式。如果人仅仅是机器中的一个嵌齿，便不会喜爱自己的工作。

**2**. 当工具代替了富有人情味的那部分工作，它就是文化的毁灭者。而当人被视为工具，那就彻底地违背人性了。其现象是工作被孤立，任务简单化，工作不具个性和自我调整的可能。

**3**. 鼓励成立5至20名工人参加的自治工间和办公室。一组工人运用手中掌握的最高权威作出决定的过程就是他们感情上相互共鸣的过程。

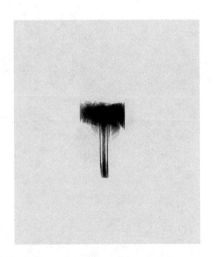

# 81 / 小服务行业

**1**. 机构太大会形成衙门作风。

**2**. 衙门作风可以克服：一是机构小而自治；二是业主对社会机构要有谅解的积极精神。

**3**. 不准任何一个服务机构的全体职工总人数超过12名。尽可能自治。每一服务机构在易识别的建筑内工作。在每一服务机构都能通往有顶街道（这点我不是十分明白，或者是场所产生对某种情绪的影响）。

# 82 / 办公室之间的联系

**1**. 一个有行走状态的办公室是有生机和健康的。

**2**. 在行走频率和行走路程之间，人们会产生一个厌烦距离。比如，你可以一日往返数次10英尺外的档案室，400英尺的距离时便会让人厌烦。

**3**. 计算两个部门之间的行走次数，在下面的数字中获取厌烦距离，并保证两个部门之间的距离小于厌烦距离。每小时2次的厌烦距离是50英尺，每日2次的是200英尺，每周2次的是350英尺。

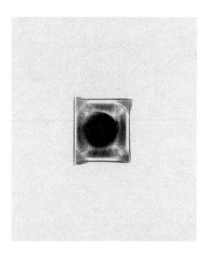

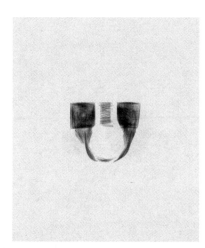

# 83 / 师徒情谊

**1**. 求学的人通过帮助懂行的人干活而学得知识。

**2**. 干和学要结合，解决实际问题的学习是最成功的学习方法。

**3**. 按师徒传统关系组织工作，不超过6名徒弟，支持这种社会组织形式，把工作室划分为几组师徒朝夕相处的小空间。

# 84 / 青少年协会

**1**. 青少年的成长中，传统社会各种满足过渡心理要求的礼仪随之而来，但现代社会的"学校"，对此完全不予理睬。

**2**. 青少年的成长，应有真正的报酬、真正的不幸、真正的工作、真正的爱情、真正的友谊、真正的成就和真正的负责精神。

**3**. 要获得以上这些，要建立名副其实的有社会结构的自我管理负责的青少年协会。鼓励12至18名男女组织小型协会。

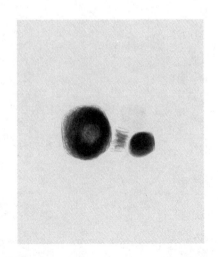

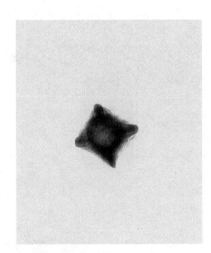

# 85 / 店面小学

**1.** 安排得当，儿童自身的求知心就会直接引导他们去获得基本的技巧，并养成学习的习惯。

**2.** 良好的教学秘密在于较低的学生教师比，但学校花费金钱的数额巨大。

**3.** 在社区建立小而独立的学校，保持1:10的教师学生比，并让它有一个门面和3至4间房。

# 86 / 儿童之家

**1.** 儿童之家是一个使双亲和子女关系松绑的地方，可以徒步而去，步行上学的儿童比坐汽车上学的儿童学到的东西更多。道理很简单，由于步行依然和地面保持接触，他们能在脑海里形成认知的地图，而不是坐轿车从一地到另一地，像坐在魔毯上。

**2.** 儿童之家是儿童的第二个家庭，而不是一个临时看管孩子的地方。

**3.** 在每一个邻里内建造一个儿童之家，一个可漫步的大屋或一个工作点，儿童能在那里逗留一小时或两小时。至少有一个管理员住在儿童之家的房屋内。大人也可以随时进去，和儿童交流。

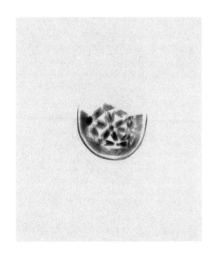

# 87 / 个体商店

**1**. 商店体现一种生活方式。商店规模越大，其服务就越缺少个性。

**2**. 社区必须力所能及使此地的商店控制在此地的所有者手中，禁止各种形式的代销与连锁，限制其规模。

**3**. 50平方英尺的商店面积对于存放若干商品已经足够大了，刚好供一个人经营。

# 88 / 临街咖啡座

**1**. 临街咖啡座是城市人情味的展现，它使许多地方变得引人入胜。

**2**. 让临街咖啡座变得比加油站还普遍，它是社区的社交场所。通过调查，在街头喝啤酒交流比在实验室里智力和感情发展得分都更高。

**3**. 给人亲切感的咖啡馆有若干房间，朝向一条繁忙的人行道，并能将餐桌摆在馆外，甚至街道上。

# 89 / 街角杂货店

**1**. 街角杂货店是社区的"散步发生器"。

**2**. 一个街角杂货店生存下去的条件是，必须服务1000个居民。

**3**. 一个街角杂货店成功与否取决于位置，街角的小店租金应高于街区中心的。

# 90 / 啤酒馆

**1**. 人们能在什么地方可以饮酒、唱歌、喧哗，或发泄他们内心的悲哀呢？

**2**. 社区某处一定要有一个供上百人聚集的大场所。这样才能形成连续不断的人流交叉现象。

**3**. 其内部的环境功能要连续：柜台、炉火、投镖处、卫生间、门厅，座位布置要保障人来人往，都在边上。

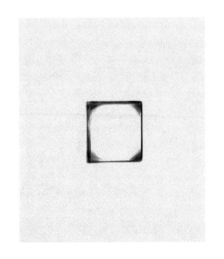

# 91 / 旅游客栈

**1**．一个在陌生的地方投宿过夜的人总归是人类社会一名成员，他仍需要结伴交际。

**2**．萍水相逢、吃吃喝喝、玩玩纸牌、讲讲故事，体验一番不同寻常的奇遇。可是，在现代的旅馆里，老板认为，陌生人相互间存在戒心，于是客房被布置得自给自足。

**3**．客栈的热烈和融洽的气氛取决于经营管理者是否居住在客栈内这一事实。他们视客栈为自己的住宅，并且，不要管理超过30间客房。

# 92 / 公共汽车站

**1**．公共汽车站不能让等车的人觉得孤独、焦急不安或感到等个没完。

**2**．让公共汽车站处于一种关系网中：交通信号灯、报亭、鲜花、街道拐角处商店的遮篷、一棵古树。

**3**．公共汽车站还应该是公共生活的小中心，并让它成为社区门道的一部分。

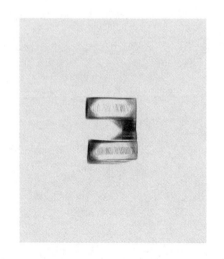

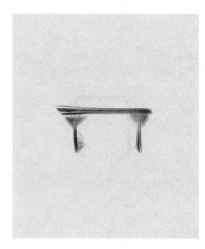

# 93 / 饮食商亭

**1.** 人们希望能在街上、去购物的路上、去工作和找朋友的途中，都能随时买到便宜的普通食品。

**2.** 饮食商亭集中在汽车和小路交汇的地方，并保持和邻里一致的风格。

**3.** 最佳的食品由家庭供应、自己制作，饮食商亭散发的香味越浓越好。

# 94 / 在公共场所打盹

**1.** 当游人能在公园、公共门厅或门廊内悠然进入梦乡时，这就是公共场所取得成功的标志。

**2.** 在培养人民具有高尚品德和信任感的社会中，有时人们想在公共场所睡一觉是人世间最合乎情理的事了。如果有人躺在人行道边或长椅上做一美梦，大家应把这当做一种生活认真对待。而如果他是无处可去的流浪汉，城镇居民应该为他至少能在这里甜蜜地睡上一觉感到高兴。

**3.** 这是一种态度：务必使周围环境内有足够数量的长凳，或席地而坐的舒适的地方。让这些地方相对遮蔽，不受来往人流的影响。

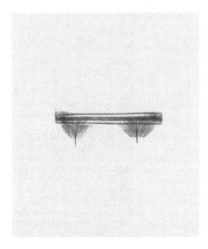

# 建筑你的模式语言

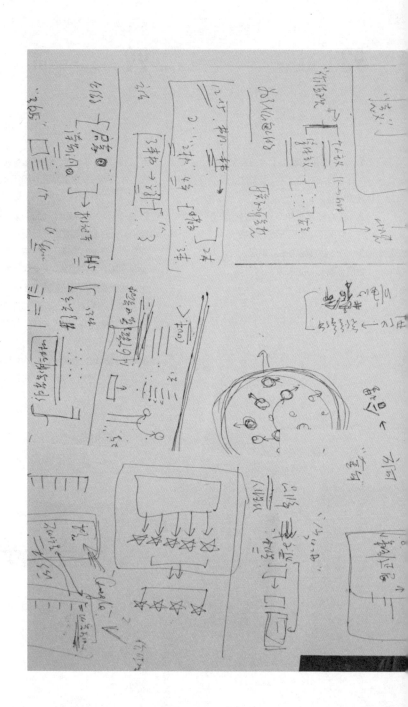

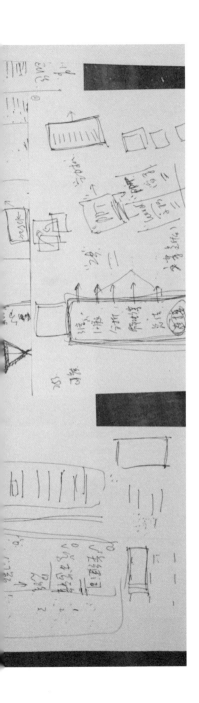

受益于《建筑模式语言》这本书长期的启发，我在知识分享平台"在行"开了一个叫"建筑你的模式语言"的话题，讲过几次。一些积极反馈中最激励我的是@鲁成的评价：

"

如果和行家一个半小时的沟通就像欣赏一部电影，那么'建筑你的模式语言'我会投它得奥斯卡。

这次约见是我个人'在行50+的最高质量'前三。半年前其实有缘约见过，那时非常功利地寻求'文案这手艺'的帮助，得到指点也就满意地颠了。而Sia_高度赞誉下的话题'建筑你的模式语言'，让我不免惊讶，我们简直在形容两个人。带着这种好奇和怀疑，我就又一次来到了读易洞，成为了回头客。

整部'电影'，从一开始特写的一本精妙的书，摇至一种思维模式，拉远到生活的实践和应用，最后升级成为工作学习方法论。广角展现下的这种思想，如同强势植物一年一年地疯狂蔓延，不断地结出果实。

学习此书后知道空间的秘密语言已经很奇妙，但对我而言只是第一层。建筑师对于即将存在百年的规划设计的思索近乎触及哲学，激发我脑洞大开，这些语言和思维方式是否可以带到影视和管理上呢……希望大家和我一样喜欢。

"

其实我本外行，因此也没有专业的包袱，以
自己的阅读、工作中的学习、从朋友同事处
的"偷师"，加入自身觉得的一项稍强的能
力——擅长将个人经验代入外部知识（相反
也可），使自己对《建筑模式语言》这本书
有了很多超出书本的解读。

"在行"是一对一的交流，对话往来，并不
是像授课一样先后次序、逻辑严谨。但讲过
几次以后，觉得有必要做一个系统的课件梳
理，一方面让对这个话题迷惑的人多一步了
解，另一方面对我也是一个阶段的总结和提
示。

我当然会觉得这些知识的积累与实践分享远
非"在行"定价之价值，但每一次讲，我都
能感受到知识的再认知和能力的强化，因此
目前仍意犹未尽。

**建筑模式语言的课件大纲**

# 01 / 背景

作者，C.亚历山大，加州大学伯克利分校建筑学教授，美国建筑师协会最高研究勋章获得者。

我最开始接触的C.亚历山大的著作是《建筑模式语言》，随着阅读的推进，才更深入地了解到了作者的著作体系。

**方向**—《建筑的永恒之道》，提出问题，我们如何认识建筑的无名特质？什么原因让城市和建筑变得生机勃勃？

**方法**—《建筑模式语言》，定义、解析与量化，理解和建立建筑的模式和语言体系。

**方案**—《住宅制造》《俄勒冈实验》，以上理论的实践。

# 02 / 建筑模式语言

## 方法

环境（城市、建筑、空间）会说话，它们有自己的语言，学会其语言，理解与沟通，便能更好地设计，与周遭相处与发展。

借鉴语言的字词句的构成模式，建筑环境由大及小构建类型体系：区域－城镇－邻里－组团－住宅－房屋－细部，然后继续在人与环境的行为与事件关系上，分解为具体的253种模式，成为建筑的字词，根据语法需求组合为句，自由发展为建筑整体丰富的语言。

## 观念

方法之下，价值观打底，以人为本，从尊重人的自然属性和社会属性出发。

a 社会学观念：安全与社交需求

b 科学性量化：原始基因、生理尺度

c 艺术化表达：散文叙事与辅助图示

## 结构

每一模式遵循以下写作结构

a 照片：原型

b 引言：源起

c 问题：导向

d 分析：资料、理论与结论

e 建议：方案

f 简图：可视化

g 连接：关联模式

**案例**

7000人社区

丁字路口的相遇

广场的尺度

不高于4层

全生命周期的需求

冒险性游戏场地

在公共场所打盹

私密层级

进餐气氛

小窗格

生活中的纪念品 ……

**总结**

理解空间：让身体过一个感觉上丰富的生活

理解思维：学习认知与建构知识（世界）的

一种方法

# 03 / 阅读与实践

**1.** 我的社区生活：书店与阅读邻居

**2.**《建筑生活美学》：万科青青社区发展跟

踪实录

**3.**《城市学家启蒙》：研究与写作模式的借

鉴

**4.** 建立自己的模式语言：没有独特的生活，

哪来独特的创作

—

—

## 这本书并不提供答案

这本书准备出版之际，美国建筑专业排名第一的常青藤院校康奈尔大学建筑规划学院院长肯特·克雷曼到我就职的公司讲座，我知道他毕业于加州大学伯克利分校，于是我问他对40年前出自于伯克利C.亚历山大教授的《建筑模式语言》有何评价。

克雷曼院长很兴奋，两眼放光。他说这本书是跨时代的标志，代表了大学的灵魂所在，即是著名教授集成智慧供全世界讨论。

他说他亲见亚历山大与他理论的反对者Jill教授当着学生面展开长时间的辩论，而且持续了两个学期，直到书的发表。他们当面爆吵的场景，他们辩论中知识体系的各种碰撞与举证，这是作为学生的他重要的课程。他从中了解，教育并不提供答案，而是提供问题和讨论。

克雷曼院长的回答让我很欣喜欣慰，有时候你花费的时间，也需要得到有力的反馈，而且来自于真实的源头。我很感激，我回应克雷曼院长说，你的回答让我隔空触摸到了亚历山大的灵魂。

贰

／

行为演化

个体与公共生活的文化实践
读易洞和阅读邻居
书店是段历程

读易洞外 ｜ 宋振中 绘

# 业余书店读易洞

原载
《嘉堂闲话》2011
《业余书店》序

## 为什么叫读易洞

读易洞是我和老婆（阮丛）在北京万科青青开的社区书店。这个名字有点怪，开了四年多仍不时有人把它念做"易读洞"。工商注册时，读易洞通不过，说"易"有迷信成分，我不得不补充材料解释：读易洞的意思是读书方便，冬暖夏凉的地方。

开业不久的一天，有人推门进来。仔细看了，居然是小时候的玩伴。"啊？怎么是你，你怎么来了？"

"在会所看到读易洞开业海报，我还奇怪呢，就来了！我买了这儿的房子，昨天刚搬进小区！"

读易洞，其实是我老家四川富顺的一个文化古迹。

## 原生艺术家陈三

读易洞空间交给陈三设计。陈三是我小时候的邻居，我们的父母在同一个单位工作。读易洞装修完成后，好多读易洞的顾客向我们索要陈三的电话，他们希望自己房子的空间也能够使用得如此淋漓尽致。

有次和陈三闲聊，分析他对逼仄的空间敏感、对卯榫结构痴迷的原因，最后得出结论：小时候他家的厨房有一个堆杂物的阁楼。那种老房子层高很高，木梁支撑，陈三成天躲在阁楼里，偷偷看他妈妈做饭。“三儿，吃饭了！”

可是无论大人怎么叫，陈三就是不出声。他从小就喜欢窝藏在小空间里。

## 让大家都知道

配合书店的开业，我开始了一项为期一年的广告计划：每天写一篇书评，拍一张照片，同时发表在社区业主论坛、豆瓣和书店博客上。

写到一百多天的时候，有邻居善意地提醒我老婆谨防我走火入魔：“伤神呢！”

这个行为确实在销售方面产生了作用，但同时我产生了一些隐忧——因为我的推荐而买书回去阅读的人，会不会有上当的感觉。因为我每天站在书架下，看到哪本就写哪本，看到书名有感觉就开始写，书名不行就目录，目录不行就……

我不得不有责任感地做出了不负责任的声明，这些都是书店的广告，而非书的宣传，跟书店有关，跟“那本书”无关。

能看到声明的毕竟少数，豆瓣上也产生了质疑：除了开头一句，你的书评跟这本书有关系么。我回应：你管我的。

有人挑战：没有考证精神，信口开河。我飞快回应：接受批评，我盲目自大。豆友再应：如你这般肯迅速认错的真是凤毛麟角。

也遭到过鄙视：晕，这根本不是你的评论啊，这明明就是从书里摘出来的。

我回：你也摘嘛。

## 书店的捱

开书店，生活和心理都需要重新适应，比如说吧，之前我和老婆算是体面的公司管理和媒体编辑，现在混杂在市场上上下下充当着搬运工，心理多少有一些落差。

书店每天必须准时开门，就像有一个婴儿整日牵绊，家庭聚餐和外出活动骤减。

之前没有开店经历，开店后没有顾客很是困扰，客人进来又忐忑不安。

外人看见这俩人闲云野鹤，安静美好，不知道我们背后拳打脚踢，心潮滚翻。

有邻居在书店博客留言："每次看见你俩自在喝茶，我就觉得私闯民宅，想坐下来喝点什么看点什么的愿望也赶紧没了。这是我的问题么？"我回："这事儿我们思考过，早就意识到了，不是你的问题，有时候我们正喝茶，有人进来，我们夫妻就赶紧分开。"

## 书店是咋回事

咣当，书店撞进一人，寸头泛白，四五十岁。看得出来，酒足饭饱。

开口一句就是："这个世界上最操蛋的就是人。"

然后质问："你觉得是不是这样？"

看我没开口，继续恶狠狠地说：

"只知道索取，完全没有意义的一个物种。"

我心想，书多的地方确实有特别的气场，人进来想的问题都不一样。

可能也意识到自己太猛，转头问了个实际点的缓解尴尬："这儿的书都是你的？"

"啊，对，是啊，卖不出去都是我的。"

"这些书肯定就是你的了嘛！"随便抄起一本又扔下，"哼，这些操蛋的人，哪儿还看书哦！"

说完就出去了。

## DIAO计划

社区书店的生意不大，开始想法子，想出一个就实施一个，什么涂书置换、社区集盒、人格自荐、大家来走神、世界好有意思，名

字都花里胡哨的，比如还有最多人询问的DIAO计划：

每两个月，读易洞挑选九本新书，外加潘家园淘回的旧书一本，公布总价，但不说是什么书，在读易洞的淘宝店上成套销售。购买者收到什么书，就是什么书。有点类似于中缅边境买卖玉石中的赌石，这块石头买得值或是不值，事先并不能确定。结果出来，谩骂可以，后悔不能。

"你够屌啊！380的书，你卖520！"

"推荐附加，旧书无价！DIAO也不念屌，是钓。"

## 得意的买卖

书店开到第三年，机缘巧合，北京香港马会会所看中了读易洞的趣味与创意，委托我们为即将开放的会所图书馆配送图书。

从规划类型、各地选书到打包搬运送货分类上架，复杂琐碎的工作开展得有条不紊。看起来有一庞大机构在为马会服务，但进进出出总是累得够呛的两个人。我练得一手的打包功夫，以至于之后在书市进书看见别人打包总想指点一二。三个月后，图书馆按计划开放，马会公关总监发来邮件致谢："谢谢你们一直以来的用心，常有人问：谁买的书？有品！心中很是自豪，为你们也为我自己的慧眼……"

## 内外两层皮

有了这些经验打底，读易洞开始接受外聘授课，与例外服饰签订了图书顾问合同，指导图书引进，每月一次员工培训。

我们趁机总结经验得失，梳理书店体系，自创授课课件，非常严谨地想当然地开展了为期一年的十二堂阅读课：快速阅读、创新分类、主题推荐、图书陈列、书店空间、创意经营、书店活动、体系流程等等。

洞外的事务着实欢腾，一副成功书店模样。回到洞内，进书不录入，卖书不记录，当日现金营收直接放兜里开销生活……

## 一直在设计的胡颖

有关读易洞的所有平面设计作品，都出自设计师胡颖之手：新年贺卡、周年纪念、活动海报、宣传册、笔记本……当然还有读易洞的LOGO。

早在2006年读易洞筹划阶段，胡颖就为读易洞设计好了LOGO："每个人都被红尘迷住了眼，每个人心里都有困惑的洞，每个人的思想都是一点微弱的光。"

胡颖是与我合作了十年的工作伙伴，也是我唯一完全信任的设计师。我理解这个意念深奥表达随意的LOGO的意思是：一切所见都是内心的反射。

我喜欢一种可能：有一个设计师，为一个书店设计了一辈子。

## 公共生活

读易洞越来越受人喜欢。在社区里，它是邻居的朋友来访时显摆的景点，自由职业者有个像单位的去处，男人美其名曰上进的家务避难所，大人餐馆吃饭时闹腾小孩的安置地，家门口不掉面子的社交场，聊天上网喝茶需要消费的居委会。

在外界，关注读易洞的人也越来越多，媒体报道接二连三。2009年10月号《文化纵横》中题为"一个社区书店老板的公共生活"的文章，我认为拔得最准确：

"经营书店，总给人某种崇高的附加值，也会给经营者抹上一层文化人的光环；经营不善的文化人，还会被抹上些悲情的色彩。小石却不是这样的人。面对这个多少与故乡生活有点关联的小书店，小石非但没有强烈的使命感，而且，他还会很认真地说，读易洞书店更像是自己的一个爱好。如同任何人在生活中都可能会有的任何爱好一样，他不过是在玩书店。不过，小石玩书店的玩法，的确是一种很认真的玩法。"

## 最佳小书店

2010年第五届民营书业评选，读易洞荣获"年度最佳小书店"称号。这是我最喜欢的一个奖项。颁奖词这样写道：店主说，开书店是无经济压力条件下的个人乐趣。这间不足一百平方米、名字古怪的书店，把自己定位于"社区书房"，和邻里交往的"互动空间"，在大书城林立、网上书店扩张的今天，它不仅是一个人的生活方式，更变成了一个社区的生活方式。

读易洞为什么

原载
万科《邻居》
2014

# 1

这个周末接连两天，读易洞举办了两场活动：一个是已经开办了两年多的"阅读邻居"读书会；一个是万科和果壳联合组织的"儿童的营养"讲座、万科社区课堂在社区落地实践。

2006年读易洞在万科青青家园商业街上开放，今年已进入第八年。我定义它是"家庭经营的社区书店，生活为主的业余书店"。家庭经营降低了开店的成本，生活为主的业余成分使它从商业生存的压力中解脱，而社区书店的选择，"社区"和"书店"，是开办者个人的能力和兴趣。

但读易洞开办的前五年，它被外界所认知，很明显是"生活为主的业余书店"这样一种特质，其呈现的生活状态有一定的吸引力。它虽然规模小、交通不便、接待的客人也不多，但受益于网络的传播，使它获得了意料之外的知名度和荣誉。除了记录开店五年的《业余书店》一书的出版外，还获得了全国年度最佳小书店称号。

无论刻意还是无意，在社区经营五年，它总是会自然生长出社区的属性，就如同我曾经的总结："书店功能之外，它还是邻居的朋友来访时显摆的景点，自由职业者有个像单位的地方，男人名正言顺的去处实则家务避难所，大人餐馆吃饭时闹腾小孩的安置地，家门口不掉面子的社交场，聊天上网喝茶需要消费的居委会。"

捱过五年的时间，读易洞已经植入部分居民的生活习惯之中，再不会有"明天它还在不在"的担忧。但真正让读易洞从家庭走向社区，还是"阅读邻居"读书会的成立。书店的存在刺激了社区同好与能人的浮出，和邻居杨早、绿茶共同创办"阅读邻居"，为读易洞五年之后的存在状态开启了一种新鲜方式，突破了个体和家庭的局限，社区公共客厅的属性日渐显现。

2013年"北京十大阅读示范社区"评选，"阅读邻居"首当其冲，获奖词凝练准确：由学者、媒体、书店三种专业力量共同构筑的阅读邻居读书会，体现年轻知识分子的力量和公益心。阅读邻居的活动新颖别致、内容深刻、影响力大，已经成为北京市知名的社科类读书会。

# 2

回到最根本的问题，为什么要做读易洞？

我自己曾是万科员工，作为乙方也服务过很多万科的项目，包括万科青青的推广。当时我们创意了一个文化活动，用圣埃克苏佩里的小说《小王子》作为万科青青推广的素材和包装，用"小王子"来代言"万科青青"的形象，到处免费赠送《小王子》这本书，用成人看到房子问多少钱、小王子看到房子说多么美，来影射现实社会对生活的误解，激发对真实美好的向往，取得了非常好的市场传播效果。做久了就入了戏，也喜欢上了万科青青，举家从热闹喧嚣的望京搬到了鸟不拉屎的豆各庄。

我对建筑、社区的兴趣，恐怕是基于这些工作的经历，某些理想主义的种子，也说不定是那时播下的。我住在万科的社区九年，经营商业八年，既是业主，也服务于业主；既拥有私的居所，也经营任何邻居都可以自由进出的开放空间。多重角色使我这个记录癖有更多的观察机会：事无巨细地跟踪社区再生的过程，从建筑到植物、从设施到社团、从商业到物业、从老人到儿童、从学习到生活，去理解社区的成长、居民的需求、规划的利弊，全方位地进行一个一旦建成便不可更改的行业的产品体验……我确信了一种理想化的观念——房地产开发是一门将土地转化为社区的艺术。

很多人来读易洞学习所谓"成功"的模式，大都失望而归，要么觉得我们说不清商业逻辑，要么觉得我们言不由衷，少数听懂了的，发现读易洞原来不是自己的兴趣，交流完毕觉得读易洞的"成功"是一个小概率的事件。比如，你们的夫妻关系、家庭生活模式的观念统一；你住在这里，你又正好在房价便宜的时候投资了社区商铺；你有那么顶尖的设计师朋友鼎力相助；你看，这么好的学者、媒体人、书业专家住在同一个社区……要满足这么多条件，得有多难。

安藤忠雄说过一句话——做事无分大小，重要的是你做这件事情背后强烈的意志。这"职人精神"的观念很激励人。八年不是一个很短的时间，背后内心的付出非几句话可轻描淡写，偶尔或有困惑，但整体来讲，对这种付出是非常心甘情愿的，因为，只要能享受到这种意志的乐趣，就不是苦，乐于持续。

因为不了解初衷，对读易洞"纯商业"的理解就很容易是一个误会。如前所讲，经营书店的八年中，不知道有多少人来询问读易洞的盈利问题、商业复制问题，追问究竟存不存在一种什么机会和方式，让这么美好的事物在更多的社区扩展。近年不断有开发商邀约我们开读易洞分店。这个问题如今越想越明白，不妨直接做个回应：读易洞不接受加盟，也不会开分店，开读易洞的人一定是我们自己。而且，我们要住在读易洞所在的小区。

# 社区的内心秘密

杨早
原载《全球商业经典》
2012

读易洞是在乡离乡的富顺人内心的一个秘密。

关于读易洞，1993年版《富顺县志》第569页是这样说的："在县城西湖南端，建于北宋天禧年间，由木楼及山洞组成，洞高160厘米，宽97厘米，顶部呈弧形。清代于此建立西湖书院，后废。"

知道这些的富顺人其实很少，但"读易洞"这三个字自小便耳熟能详，因为那地方现在是一个菜市场。四乡的农民挑菜进城，都在读易洞会齐售卖。2010年末我去海口开会，在出租车上瞥见街边一家饭店，名字赫然是"富顺独一栋豆花饭店"。无疑，老板是一个到菜市场不抬头的孩子。跟邱小石一样，他想用在乡时最熟悉的地方为自己的小店命名，只不过他不像开书店的，知道这三个字是某种文脉的象征。

所以，当一家书店取了这么一个同乡会心而外人不知所云的名字，除了彰显它理所当然的理想主义色彩，还有意赋予自身一定的象征意义与实用功能。在富顺，如果你天天去读易洞菜市场，你能买到最新鲜的蔬果，也有可能见到所有的熟人，听到流传在这个城市的一切新闻。

"读易洞"由此成为一个双重隐喻，它既指向历史上的读书事业的延续
（四川有谚"富顺才子内江官"，富顺以明清出了两百多名进士闻名），
又暗示着现实中的市镇公共空间。

## 邻居显摆的景点

读易洞刚刚开张的2006年，我就与洞主邱小石讨论过他的开店构想。邱小
石本身就是读易洞所在的万科青青家园小区的销售策划。他跟我讨论这个
小区为什么适合有一家小书店：30万平方米左右，一千多户人，住户以白
领为主。这样的小区北京有不少，"如果每一个这样的社区都有一家社区
连锁书店，那么这将是一个绝佳的文化传播机构"。小石已经习惯了跟我
这个老乡也说普通话，"因为这不单是一家卖书的商店，它还是一个社区
文化空间"。

五年以来，我都是按照邱小石的这个定义来理解读易洞的。青青家园远处
僻郊，在出名之前外面来的顾客很少，主要使用者肯定是小区的邻居。虽
然由于自身的原因（最主要是人力与业余的方式），读易洞一直没有大规
模地进行社区宣传，但是它渐渐也成了一个名副其实的社区文化空间。邱
小石自己的总结是："读易洞社区书店，书店功能之外宅还是 一邻居的朋
友来访时显摆的景点，自由职业者有个像单位的去处，男人美其名曰上进
的家务避难所，大人餐馆吃饭时闹腾小孩的安置地，家门口不掉面子的社
交场，聊天上网喝茶需要消费的居委会。"

这些功能我都可以出演见证者，常在洞里看见一个SOHO男人对着笔记本
电脑做冥思状，或一个女孩子捧着一本书在沙发上睡着，或公共知识分子
接受外媒采访。2008年，我们楼的邻居因为楼房维修导致污染，需要跟社
区物业谈判斗争，需要一个确保安全的聚会讨论场所，还是选在读易洞。

更理论化也更贴切的表述来自邱小石钟爱的《建筑模式语言》一书，一旦
有机会，他总会反复推荐这本加州大学伯克利分校环境结构中心的研究成
果。我们来看看这本书怎么定义"社区的活动中心"的："为社区创建集
中常去的地方，这些中心要足够小，45乘60英尺就够了，它能使正常的公
共生活井然有序地集中起来。"

在北京摊大饼式的城市设计中，夜生活与社区分割得非常遥远。夜生活与

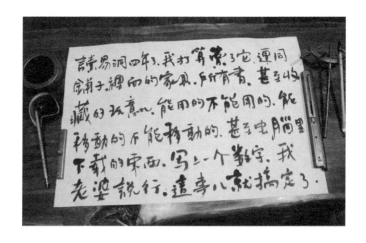

家的距离常常以10公里为计量单位，这本身就削弱了城市生活的乐趣。"灯火通明，是吸引人夜生活的必要元素，人们才能感受到夜晚的安全，因此，独立的咖啡座、冷饮店、酒吧间、书店、小超市、加油站，本身都不能产生足够的吸引力，它们必须集中起来。根据观察，形成夜生活活动场所的数量最小数字是6。"事实上，即使算上扰民的广场秧歌，一个北京社区也很少超过3个夜生活场所。很多邻居跟我抱怨过，逢上读易洞周一休业，他们连个室内可坐的地方都找不着。

有时走进洞去，见洞婆婆（读易洞由邱小石和网名为"洞婆婆"的阮丛夫妇共同创办）笑容疲惫，问今天去进书搬货了么？她说："哪里，有一对邻居夫妻吵架，要我给他们仲裁！"又或是："有个女人来找我做职业咨询，聊了三个小时??"这可真是某种不可承受之重。然而我也很能理解那些莽撞的倾诉者，你在这个都市的郊区待着，往来穿梭于繁华与荒凉，在哪儿都找不到可以倾谈的空间。可以放心低语的人。读易洞以它的装饰昭示了某种品味与热情，而洞婆婆的和善是冷漠社群的一方解毒剂。

听说，我没有亲见，这个小区一开始定位郊区别墅时，人少，邻里关系好，总是互相串门或择地聚会。渐渐地，人多了，杂了，人际关系变得相对复杂而暧昧，尽管小区论坛仍是金牌论坛，线下的交流毕竟不可替代。

我与朋友黄永相识于2000年最末一天。六年后我搬入这个小区，一年后他也跟了进来。该人声称主要原因还是我："我喜欢从前文人的那种生活方式，大家住得近，常常可以互相来往酬和。"日子越过越复杂，家门也变得不像年轻时那么容易打开，于是我们常常约在读易洞见面。

其实，会与邱小石重逢，还不是因为这个洞！我离乡廿年，不想搬到这小区不久，发现新开了家书店，一看名字就觉得不对头，很不对头。撞进去一看，居然是连样子都快记不清的儿时玩伴。倘若没有这个洞，哪有这么戏剧性的场面。

## 生活不应在远方

读易洞当然不是小区整体设计的一部分，它的存在来自凑巧的资源与店主的坚持。然而，它的存在确实给这个小区的生活增添了一种可能性。我认为对于讲究生活质量的业主来说，这家书店的存在，可以让小区房屋的价值增值不少。对于开发商而言，这样的书店将擦亮这个小区的品牌。事实上，在Goolge地图上，找"读易洞书店"比找"万科青青家园"要更容易。

有很多评论抱怨中国的年轻人好高骛远，总想着一步到位买大房子，但评论者对其中的隐性原因却视而不见：在中国尤其是北京，家庭承担了许多社会化功能，它得有会客区域，得有足够的儿童活动场所，阳台室内化之后又缺少花草种植与宠物活动区域；最关键的是，社区功能的单一，让家庭之外的交际与放松，只能移往遥远的城市中心区。它制造了一种分裂的生活方式，生活在这里，另一部分生活在远方。

改变这种状况，或许就是从一个复合式的书店/咖啡馆/活动中心开始。读易洞承担着书院与街市的双重角色，对于愉快的社区生活来说，它是必需的而非仅属点缀。在读易洞开张五周年之后，邱小石、《绿茶书情》主编绿茶与我，联手创办了社区读书会"阅读邻居"。在一个记者沙龙上，我介绍上期阅读邻居讨论了桑德尔的《公正》，推荐了社科文献出版社的"近世中国"系列，一位女听众眼睛睁得牛大："你们小区这么强啊？"我想对她说，不是小区强，哪个社区没有读书人？哪个读书人不愿与人分享？问题是，得有一个空间，得有为这个空间张罗的人。

我幻想有一天，我们的孩子会坐在读易洞里，听我们分享阅读心得，讨论社区事务，交流时政看法。他们离去的时候，或许会抬头看看门额的木匾，或许不会。读易洞或许永远不能创造一种赢利模式，但它终会成为这个小区的孩子将来的一个内心秘密，不管他们未来把它写成"读易洞"还是"独一栋"。

书店，这门奇怪的生意

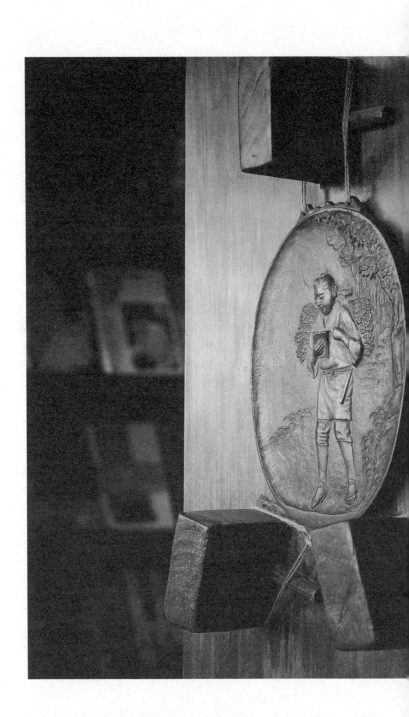

原载《全球商业经典》
2012

# 1

2011年11月19日，记录读易洞开店过程的书籍《业余书店》首发在读易洞举办。当天下午近百位朋友捧场，挤爆了狭窄的书店，营业额超过6000元，是书洞开办五年多来营业额最高的一次。

事前准备饮料小食，事后邀请一些朋友晚饭，号称庆功宴，破费2500元，差不多也就是当日销售之毛利。一进一出，两相抵消，耗了一通精力，赚了一场欢聚？？

这基本上就是开书店五年多来得失的浓缩版本。

# 2

关于开书店的投资与回报，跟很多人解释过，但解释通常半途而废。

"铺子是自己买的，没有租金，老婆守店，没有人力成本，所以？？"

"这算法不对啊，假如商铺出租出去呢？假如你老婆出去工作赚的工资呢？"

最近正好在读《公正》这本书，我在微博上摘抄了一段罗伯特·肯尼迪的演讲词：

"我们的国民生产总值并没有考虑到孩子们的健康、他们的教育质量或他们玩耍的乐趣；它也不包含诗歌之美和我们婚姻的力量、公共争论的智慧以及官员的正直。它既不衡量我们的敏锐，也不衡量我们的勇气；既不衡量我们的智慧，也不衡量我们的学识；既不衡量我们的怜悯之情，也不衡量我们对国家的忠诚。"

有人问："那以上指标如何量化呢？"

我回应说："或许正是量化的意识，对人类精神的丰富性及其美感带来了损害。"

也或许正是因为没有量化，读易洞才愉快地存在。

## 3

当然我们也算过账，但不是计算书店的盈亏，而是从家庭生活需求的角度出发。即使像我们这样的情况——店铺是自己的、没有雇佣员工的负担，开书店也是不可能养家糊口的。在北京我们这样一个家庭，房屋按揭、日常生活、子女教育、社会保险、通信与交通费用，一个月两万元的开支是必需的。如果全凭书店的收益生活，那每个月至少得卖10万元的书，每天的营业额得3000元以上，书还不能打折。这是个什么概念呢？就是每个月你都要卖出去一个小书店，每三天你就要去书市拉一后备箱的书。这对平均每天只有五六组顾客的社区书店来说，是一个根本不可能完成的任务。店内业务的真实状况是，一个月平均一万五的销售额，这已是营业额的极限。

因此，我们很清醒地认识到，不能依靠开书店的收益来生活。所以，如果开书店没有金钱以外的所得以平衡，就不可能保有持续投入的热情。

## 4

开书店首先满足了我们的兴趣与多年的愿望，这个不必多说了。

其次是家庭生活进入一个转折时期，夫妻二人不必要像过去那样每天在职场上、在堵塞的城市中奔命，我们可以相对自由地选择自己认为更有价值的生活方式。

第三点可能是最重要的，开书店是继续其他工作的一种给养，同时开启了工作和生活的新视野与更多可能，让我们可以拥有稍微不同于庸常的生活，在粉饰与虚荣中获得一些真实且不菲的能量。

## 5

话虽如此，真实的心理当然也包括：书店到底还是一个商业行为，书店经营收入带来的物质快感，肯定会加倍提升观念带来的精神愉悦。因此，尽管不求投入产

出的平衡，面对投入的精力而不被顾客最终
以适度的消费行为回馈，还是会产生一些不
被尊重的感觉，甚至有时会产生一种厌恶的
情绪。

比如：有顾客进店啧啧称赞，随意翻阅欣赏
落座，当递上茶水单，他说不用；向其解释
说这是消费区，顾客就转身离去，回去撰写
博客："（这是一个）失去了人文精神的装
B店！"

这样的事情时不时发生，开店的幸福指数就
大大降低了。迫不得已，我们在消费区放置
了"消费茶座"的告示，并在书架上设置
"未结款图书请勿带入消费区"的文字提
醒。

理解现实，了解自己，也不会觉得特别违
心。

# 6

热爱书店是很个人的事，作为书店经营者，
很不喜欢以"开书店"而赋予"责任"和
"抱负"的描述。但书店这个特别的商业业
态，却极具人文关怀的"符号"价值。

开书店的人给爱书店的人以梦想，爱书店的
人给开书店的人以幻象。

开书店有两年，媒体报道多起来。一天我在
网上居然看到一条对读易洞的描述："北京
最佳的免费悦读空间。"这个描述直到现在
还在不断地被媒体引用并广为流传。

媒体还报道，在读易洞看书，不花钱，随便
拿一本书，在沙发上坐下，老板就会给你端
上一杯免费热饮。

公众对书店这门营生的期望与误解，由此可
见一斑；描述前面加上"读易洞"，我感觉

尤为别扭。

一直以来的观念都是：没有谁是上帝，尊重顾客，首先是看得起自己。

# 7

写到这里，足以从某个角度，看出现在的书店经营，是一门奇怪的生意。当前书店遭遇的整体困难，不是由于网店冲击，不是房租高企，我个人的看法是，接受知识的方法与途径发生了本质变化（网络/碎片/图像/互动/移动），人们从书中获取的阅读量被代替。有人建议，书店应当多元化经营，比如加入创意产品售卖等，可是，书店不卖书了还有必要叫书店么？

总之，对于书店的未来，我不觉得有任何刻意挽救之必要，顺其自然为好。

–

–

# 因何读邻？

原载《商业周刊》
2014

"阅读邻居"是由绿茶、杨早和我三个人发起，在读易洞书房定期举办的一个读书会活动。

"阅读邻居"这个读书会名字，是由绿茶提出的。在第一时间，杨早和我就觉得准确到位，立即获得了一致性的通过。本来之前三个人还胡乱地想了好多名字，最地域性的包括以我们小区所在行政区域"豆各庄"为名，叫"豆各庄读书会"，颇有点调侃的味道。

豆各庄乡位于北京东南五环五方桥外，京沈高速边，和通州区交界，但还属于朝阳区。2000年的时候，万科在豆各庄拿下了后来成为我们小区的这块地，进行房地产的开发。那时候的万科，还不是资源性企业，只能开发些城市边缘的如豆各庄这样的边角料。拿的地位置不好，就只能在产品上多下功夫，塞翁失马，万科后来在地产领域的专业性口碑与良好的品牌形象，与此不无干系。

我是我们三个人中最早购买万科在豆各庄开发的"万科青青家园"小区的房子的。然后又买了铺子开起了社区书店读易洞。之后，绿茶、杨早陆续成为万科青青的业主，我们成了邻居。

绿茶，职业书评人。曾经是众多书评刊物里鼎鼎大名的《新京报》书评周刊的主力编辑，现就任《文史参考》主编。闲时还编撰自己创办的电子刊物《绿茶书情》，每月一期，搜罗好书，发布阅读生活的信息，在书香世界有着广泛的影响。

书店开在了自己的家门口，绿茶的嗅觉自然把他带到了读易洞。绿茶是书评人，有快捷的甚至免费的图书获取渠道，所以即使来读易洞，也很少消费，我不喜欢不消费的顾客，所以我们并不熟络……直到……

台湾的书店达人钟芳玲的新书《书店风景》在大陆由中央编译出版社出版后，钟芳玲也来北京推广新书。钟芳玲多年前就认识绿茶，绿茶就把只要有书店就想前往的钟芳玲带到了读易洞。一同来的还有钟芳玲的责任编辑张维军，也是后来读易洞的书《业余书店》的责任编辑。是书店和阅读，把天南海北的人，聚成了相互认识喜爱的邻居。

杨早就更巧了。杨早是北京大学现当代文学博士，社会科学院的学者，1217俱乐部的发起人，从2005年一直主持每年一本的《话题》系列丛书。一天我在书店坐着，他突然撞了进来，我们两个大吃一惊。原来他刚搬来不久，在会所看到读易洞的宣传，觉得好生奇怪，怎么自己老家的一个古迹的名字会在这里出现？对，读易洞就是我老家富顺的一个古迹，曾经是一个读书人汇聚的书院，读易洞书店的名字就是源起于此。我和杨早是老乡，而且是发小，我们两家相知相识的多年……这里面一定有一股神秘的力量，而且是和书、阅读有关。

"阅读邻居"读书会很顺畅地就开办了起来。"阅读邻居"不同于讲座型沙龙，一个人讲，众多人听。"阅读邻居"要求参与者阅读公布的书目，在活动现场分享自己的阅读心得，每一个人都要说话，积极参与。事前主题策划的准备，阅读书目的推出，微博推广召集，现场的分享饕餮与氛围，事后用心的文字整理和图像资料，流程中的每一个细节都专注认真。因为有专业级读书人杨早、绿茶的主持和参与，"阅读邻居"一开始就有了很高的水准，并吸引了相当有见识的阅读邻居，每一次活动都是大脑的激荡与阅读领域的拓展。虽然每次参加的人数有限，但活动呈现的一种抽离现实的周末精神生活，散发出的迷人特质，经网络的传播，激发了很多阅读爱好者的想象与热情，报名者众，甚至有人打着飞机从武汉、广州专门参加周末的"阅读邻居"活动。

其中影响最广泛的一期，主题是"回不去的故乡"，阅读书目包括十年砍柴的《进城走了十八年》、梁宏的《中国在梁庄》、熊培云的《一个村庄里的中国》。这公共的话题，就着每一本相关的书，对每一个人的回忆与当下生活都产生了共鸣与刺激，讨论未能尽兴，参加的人居然响应课后作业，每人完成一篇"故乡"的文章。无功利的纯粹的阅读享受与思考，这是真正高贵的精神生活。

2013年阅读邻居荣获"北京十大阅读示范社区"称号，获奖词：由学者、媒体、书店三种专业力量共同构筑的阅读邻居读书会，体现年轻知识分子的力量和公益心。阅读邻居的活动新颖别致、内容深刻、影响力大，已经成为北京市知名的社科类读书会。2014年，阅读邻居又获得首届"伯鸿书香奖"组织提名奖。

读易洞偏于一隅，老老实实地每天开门每周进书迎送客人，靠时间的积累而成，它是我对社区的理解，也是我们自己的生活方式；因为"阅读邻居"的开办，它更强化了读易洞社区公共书房的角色。2006年筹划读易洞的时候，我曾经在书店博客里转述过这样一句话："社区是身后的历史，是心中的尊贵。"我记录当时的心情："我拥有一个梦，仅因为如此，我已经晚上常被笑醒。"

没想到的是，醒来，这一切都成为了现实。

# 如何成为阅读邻居

2013年阅读好邻居ZoomQuiet，猎豹公司程序员，根据自己参加阅读邻居活动的心得，写就一篇"如何成为阅读邻居"。写得极完整，写作风格极码农，吐槽功力目前看不到竞争者。

如何成为阅读邻居
作者：ZoomQuiet

根据阅读邻居编辑部指示，俺作为"2013年度阅读好邻居"获得者，必须交这个指南性质的作业。
好的!

# 01 / 邻居得好

首先呢，任何一个问题的阐述都得从根儿上说起来

## 1、何为阅邻

按照官方的说辞是：由爱书人杨早、绿茶、邱小石三人发起的读书会，以图书和电影为载体，面对面的茶话，分享每一个人独特的阅读体验。

要用大妈俺自个儿的话说呢就是：

以几头发小为主 以读易洞为场所 以定期读书为题 以现场交流为形 的疑似不非法的 准专业文化活动

好像很复杂的样子，其实呢，就是文化人，看社会上没有令自个儿舒服的文化活动，就复用自个儿身边的资源制造了个活动，难得地坚持了下来，于是，就被各种文化创新了。

## 2、为毛阅邻

相对固定的场所在帝都，东南角，豆各庄万科青青花园中的

官方曰：

家庭经营的社区书店,生活为主的业余书店

2006年9月，@邱小石 @读易洞de洞婆婆 创办读易洞

2011年1月，读易洞获得第五届全国民营书业评选"年度最佳小书店"奖

2011年11月，记录读易洞创办历程的《业余书店》出版发行

2013年1月，读易洞获得第六届全国民营书业评选"年度最美书店"奖

可见要偏辟到什么地步

但是，要用电梯演讲的方式来鼓动不知情的人来参加 阅读邻居 的话，俺只能说：

这儿有以往不可能知道的好书

以及知道好书为什么好的好人

有机会当面向好书的作者吐槽

好玩在于事后不会被追杀……哈哈哈！

参加活动的好处呢，实话不多，数得出来的：

认识一堆跨界妙人

被迫读上大堆好书

每月有个周末不再无聊

### 3、阅邻大妈

可以明确，接触到 "阅读邻居" 是 2012 年末了。

是 出版人周筠介绍俺才知道，有这种活动的。

大家都知道,每头程序猿都是闷骚的文艺男。不是宅漫画就一定宅SiFi 或是文学的。

俺也无法免俗,

于是认真参加

于是认真吐糟

于是认真纪要

于是习惯图谱

于是继续努力参加

于是就变成了2013阅读好邻居。

回顾一下自个儿变成 "阅读好邻居" 的过程，发现基本是自然而然的,但是，进一步回想，以往参加的各期活动中来来往往的各种人物，才知道，这其实并不是自然的，于是,这才能将俺感觉自然,其实不自然的东西,强行整理成文,给大家一乐了。

# 02 / 有书得读

"阅读邻居" 的活动流程，其实围绕读书，进行了长期的进化，当前已经非常合理:

关注 "阅读邻居"的微博，明确活动内容

向读易洞de洞婆婆的微博 报名

搞到当期活动的指定图书，及时看完，存好问题

按时到达指定活动场所

积极带心走脑的参与现场交流:

自我介绍

推荐好书／反推荐挫书

主题阅读分享

作者互动

合影结束

回来呢，最好有个纪要／小结反馈给编辑

万一有编辑部联系，要校对现场发言的文字，一定要积极响应

所以，整个活动，无论推荐／反推荐，还是主题交流，都需要对有关图书有真实的阅读体验

否则，大家都言之有物，就俺一人傻坐在那儿说：

呵呵 不好意思 书没读 所以，呵呵……

怎么可能下次还来？即使来了，继续呵呵，天下哪儿不好呵呵非要坐一小时公交车，跑这儿来呵呵呢？！

# 03 / 有槽得吐

参考：微博综合搜索 -#阅读邻居# -新浪微博

其实呢，现场一般都有wifi，随着活动的进展，他人发言时，自个儿的头脑是有各种自动化反应的，但是，不能在现场说哪……又不是神经病……所以，有weibo呢……进行义务现场活动文字直播是好的：

帮助自个儿形成现场的直觉笔记

帮助对活动进行了宣传

帮助现场有网络依赖症的病人们缓解吐槽的压力

训练输入法手速

制造现场背景工业噪音

...etc.

好处太多了，推荐实践；

# 04 / 有话得放

书看了，入眼入心，过了脑，当然就有了不同看法，

当然，这看法是自个儿的，不是为了不同而不同的，而是因为自个儿的局限性，只能看到的部分，

和现场的大家自然是不同的，有不同，就有交流的价值，

所以，有话得放

只是，现场说不说，那是活动策划的现场气氛决定的，但是，说什么，这

可是真真儿要了亲命的高科技……

为什么这么说呢？

现场每个人都要发言，但是,活动只有一个下午，为了大家，每次发言不应该超过5分钟

现场邻居各式各样，年龄／学历／职业／岗位／阅历／个性……没一样儿相似的，所以，发言是否都能听明白？

这是个纯粹的阅读活动，不是书商的宣传活动，人云亦云是被天然BS的，所以，言之要有物

这也不是政府工作汇报，不求有功但求无过，发言要是CCAV的话，也是被天然BS的，所以，言之要有趣有梗儿有态度

..etc.

容易嘛？！就俺的体验，绝对不能说容易，但是，只是因为这份儿不容易，才令每次活动都那么的不同，才值得一来再来的哪！

而且，认真放话，对自个儿也是有诸多好处的：

训练了表达，毕竟现场都不是领导，说错没有关系

整理了思路，人的思想是纷乱的，只有通过文字／言语输出时，才变得条理化

获得了反馈，自个儿的看法不说出来别人是不知道的，也无法指出哪儿好哪儿欠点儿

树立了形象，无论在生活你是谁，在这儿只有通过观点是碰撞大家才对你有印象

...etc.

# 05 / 有力得出

这么多书要看，这么多话要说,这么多字儿要写，

"阅读邻居"这活动好累的萨

其实，几个发起人更加累！

现在 阅读邻居 既然已经被文化创新了，成为了帝都一个文化品牌，每次活动的组织工作真心不少：

每周一次的主题海选会，大家要坐在一起，立主题，选择图书，邀请作者／专家

活动前要宣传，微信／微博，报名，报名确认，说通提醒，速记员预订，

作者／专案联络

活动现场要主持，要接待，要泡茶，要拍摄，要微笑迎往，要组织……

活动后，要回顾，要PS，要宣传，要整理速记，要校对，要排版，要发布系列报道

最终要汇集起来统一发布，发行自制电子图书

回到头里继续策划下一次

目测，每期活动，平均，每个月，每位发起人及其家属，都要付出21个小时以上的工作，而且都是义务的！

所以，想持续的，有高品质的"阅读邻居"活动有的参加，就应该 有力得出：

有钱出钱，有车出车

有关系分享关系

有技术支援技术

有好书推荐好书

有好友忽悠过来

没好友发展出来

反正，有什么出什么了


大妈就是慢慢变成固定的编辑成员，出的力有：

如果参加，现场直播，录音；回来校对／宣传

技术支持发布／维护／增补 当前的官方网站

分享 7牛 的社区空间，发布过往活动资料

义务宣传"读邻"活动，发展新"邻居"

# 阅读的客厅

佟佳熹
原载《生活》
2015

## 1

"2010年末我去海口开会，在出租车上瞥见街边一家饭店，名字赫然是'富顺独一栋豆花饭店'。无疑，老板是一个到菜市场不抬头的孩子。跟邱小石一样，他想用在乡时最熟悉的地方为自己的小店命名，只不过他不像开书店的，知道这三个字是某种文脉的象征。"几年前，当作家杨早在自己居住的小区里，瞥见"读易洞"名字的一家书店，他的"在乡时"的记忆被唤醒了一些。

之后他走进书店，遇见了多年未见的老乡邱小石。

"'读易峒'是我老家富顺的一个书院，我给我的书店起名字时，就想起这个名字来。因为'峒'这个字人们容易读错，就改成了'读易洞'。"2006年时，邱小石买下了自己所居住的小区里的一间商铺，面积一百平米左右，他和太太决定"开一间书店"。

邱小石和杨早的家乡富顺，隶属四川省自贡市，地处四川盆地南部、沱江下游。关于读易洞，1993年版《富顺县志》第569页是这样说的："在县城西湖南端

建于北宋天禧年间，由木楼及山洞组成，洞高160厘米，宽97厘米，顶部呈弧形。据县志载：'李见读易于神龟山洞中，著《易枢》，天禧中，令附驿以闻。'清代于此建立西湖书院，后废。现建筑物已经改建，山洞封闭，现存门墙，匾状拂金'读易硐'石质门额，字形圆润有力，石刻技艺精湛。1985年6月，县人民政府公布为县级文物保护单位。"

邱小石对读易洞的记忆，从一个菜市场开始："（读易洞）那个地方现在周边是一个菜市场。"杨早也曾经写文回忆菜市场周边："四乡的农民挑菜进城，都在读易洞会齐售卖。婆婆嬢嬢挎着篮子，从菜市走过，挑三择四，讨价还价，互相打着招呼摆龙门阵，有些孩子会在无聊地打量完青菜黄韭大麦柑之后，抬头望见大大的"读易硐"三个石匾上的阴文字，有些不会。在富顺，如果你天天去读易洞菜市场，你能买到最新鲜的蔬果，也有可能见到所有的熟人，听到流传在这个城市的一切新闻。"

# 2

带着天然的双重隐喻，读易洞书店在北京一个社区里诞生。围绕读易洞展开的人与事，似乎不需要"时间"这条线索。所有的相遇或相聚，都可以在任何时间发生，原因是空间主导了一切。

"洞婆渐渐成了小区里最有人气的居民。"邱小石被居民们称为"洞主"，而他的太太则成了"洞婆"。小区里的保安、快递员以

及各路居民代表，都认识洞婆。

终于"有一天"，同样居住在这个小区里的绿茶（本名方绪晓），渐渐成为书店常客。

身为媒体书评版采编的绿茶，开始和邱小石一起合作读书会等活动。"有段时间我在家里做全职奶爸，于是就有很多时间来绸缪'阅读邻居'。绿茶媒体职业生涯里，有一年多处于休息调整状态，这让他有了更多"待在小区里"的时间。

在读易洞五周年的时候，邱小石和杨早、绿茶，开始了联手创办了社区读书会"阅读邻居"。除了这三位居住在小区里的业主，"阅读邻居"还吸引了外来阅读人员。"一些朋友是从很远——甚至是城的另一边——赶过来。"活动流程大致如此：大家提前准备一本书，在读书会开始之前就各自在家把书读完，然后大家在读易洞聚集，讨论读书的感受，每个人都要发言。

"在一个记者沙龙上，我介绍上期阅读邻居讨论了桑德尔的《公正》，推

荐了社科文献出版社的'近世中国'系列，一位女听众眼睛睁得牛大：
'你们小区这么强啊？'我想对她说，不是小区强，哪个社区没有读书
人？哪个读书人不愿与人分享？问题是，得有一个空间，得有为这个空间
张罗的人。"杨早认为，空间要得，人尤要得。

"以几头发小为主，以读易洞为场所，以定期读书为题，以现场交流为形
的疑似不非法的准专业文化活动，好象很复杂的样子，其实呢，就是文化
人，看社会上没有令自个儿舒服的文化活动，就复用自个儿身边的资源制
造了个活动，难得的在坚持了下来，于是，就被各种文化创新了。"
2013年，一位名为ZoomQuiet的阅读邻居，根据自己参加读易洞阅读邻
居活动的心得，总结了一篇"如何成为阅读邻居"。洞主认为"写得极完
整极生动"，于是被贴到了他们的微信公号上，成为邻居们的入洞指南。

# 3

第37期阅读邻居的主题是"身边有人出了家"，围绕主题书《僧侣与哲学
家》。

为什么当时推荐这本书？"这本书是父与子的对话。我也经常跟我儿子对话，常常面临这样的问题：当自己的孩子有一些独立思想意识之后，作为父亲应该怎么看待，或者怎么沟通。阅读过程中又对他的父亲有了一定了解。父与子都特别有料。因此，想必他们的对话应该是非常的有营养。读后果真如此。"诸多原因导致邱小石在阅读邻居上推荐了这本书。

"我儿子跟他儿子差不多大，我也想考虑看看这本书。其实我只看到前50页，我就放弃了父子之间对立的概念。前50页我一口气读下来了，是因为儿子在分享他怎么从科学家的道路转到僧侣的道路上。我是很佩服他们的完全自由的探索精神。我们拿中国家长的眼光来看就是你要去，我得拦着。"邻居Nellie认为自己看完了书，很有收获，"磊说她觉得很难，而我反而很享受这种状态。你享受是因为你混沌，如果都了解了，就没有阅读的快感。正是它让你一会儿明白，一会儿糊涂。不管是对西方哲学的探索，还是宗教的探索，都有这个过程。包括之前提到的《正见》、《人间是剧场》，我是一会儿明白，用在生活当中；一会儿又糊涂了，这本书可能对我有用，我又捡起一本。不断地通过自己的阅读体验来构建我自己的价值观。"

# 4

除了每个月的"阅读邻居"活动，石、早、茶三人做了一件名为"DIAO计划"的事。这个计划的形式，后来曾被其他电商模仿过，那就是：定期做一个图书包，里面包含两本书——书是三人讨论后推荐的，但是销售这个图书包之前，并不告诉购买者这两本书是哪两本，购买者像拆神秘礼物一样打开包裹。

"5月25日下午4点，DIAO计划PK在群里举行，我们以前约定的是三人同时在线，PK的激烈一点。但这期难约同步时间，就各自来段推荐理由，最后投票。最后，《话题2014》和《哲学家死亡录》获选，《地书》遗憾被均衡。"徐冰的《地书》是绿茶推荐的，最后没能入选那一期的DIAO计划，"我推荐徐冰的《地书》。这是我们家小茶包（绿茶的儿子）最喜爱的一本书，完胜一切童书。它一直静静躺在我家书架某个角落，有一天被小茶包翻出来啦，然后，他看着都是图案，就有了兴趣，说'爸爸讲'。当时，我傻啦，完全不知道怎么讲，都是各种图案，没有一个汉字。我看着图案，一边告诉他这是什么那是什么，然后慢慢发现，这些图案连在一起是有故事的，一个完整的故事，太有趣了。"不管是成人，还是儿童，绿茶都推荐这本书。"让我没想到的是，这本书成为我和孩子亲子共读最常用的读本。一本非童书，能做到这样，真是超出我对书的正常评价，我只能再次说，这是一本奇书。"

另一个奇异的现象则是：每次三本书里遗憾落选的一本，往往成为"读易洞"的"邻居们"追逐的对象，大家会去单独购买。

当我试图打探"读易洞"书店的经营状况时，洞主邱小石认为"经营"这件事并没那么重要，至少不及读书或会客重要。"首先'投入'现在很难计算——钱都是陆续投进去的。"收益则更难计算，"而其实我是把读易洞看作是'客厅'，谁会去计较自己家的客厅盈不盈利呢？"

在邱小石看来，尽管形式上"读易洞"是一家书店，有着商品的买卖，但它实际上在主人心里，却是"家"的一部分。"当初我太太也是希望有一个自己的空间，这个空间可以读书，也可以接待朋友。"回忆2006年建洞之初，洞婆辞掉了原来的工作，成为了读易洞的店员兼老板娘。"现在我们也是没有其他员工的——假如自己家的客厅，整天有个外人走来走去，不是很怪吗？"

每个人都不是一座孤岛

**一次阅读邻居的影像实录**

2016年7月16日
读易洞书店
第47期阅读邻居读书会
纪录片:《麦收》
主题:窥私一定是消费吗?

杨　早　/　伦理总是有很多的模糊地带，娼妓行业如是，纪录片亦如是。不管怎么说，画面讲述的故事，比文字鲜活太多，也更富解读的多义性。了解身外的世界，什么手段都得用上。

·邱化桥　/　在一生中某个时刻瞬间或许都卖过自己，只是方式不同，而此刻又似乎置身事外去观察他人，这是我观看《麦收》这类纪录片又恐惧又感同身受的体验，每个人都不是一座孤岛。

梅子酒　/　这个群体真正的诉求是什么？真正需要社会为其做些什么？

白水太白　/　《麦收》这片子几年前有看过一次，当时的感觉是"今我何功德，曾不事农桑"。这一次看完，我似乎一点想法也没有了。

半　价　/　很真实，可怕的真实。对于底层的描述，我推荐梁红的《出梁庄记》。

洞　婆　/　我看到的不是所谓的阶层间的不同，而是个体间共同的那部分。不管是否是拍摄者的（潜在）立场或者（故意）引导，影像记录中的牛洪苗都慢慢地也明显地顺眼起来。

冬　冬　/　导演很聪明，影片并不直接告诉观众主角的日常工作、对工作的态度、今后的打算，却借助于姐妹的口讲出来一些，安排奇妙。

邱小石　/　参与是知识分子的责任，评价别人的生活需要克制和谨慎。

凤梨虾米　/　"底层能够说话吗？"透过徐童的镜头，底层真的说话了，并毫无拘束地展露着他们的欣喜与落寞，污秽与健康，像泥土中奋力钻出的麦子。然而比"观看"更令人期待的是实践，是现实中各阶层隔膜的消失，底层概念的消失，是推倒紧密包裹着我们的阶层的围墙，是彼此的倾诉与融合，是有朝一日共同麦收。

子　瑜　/　hi 早老师，我手机又找不到了，不知道餐厅还是洞里还是凤梨车上……可以帮我问问看么？

## 社区书店与公共生活

麦若缘
原载《文化纵横》
2009年

第一次见到邱小石，是在华贸读易洞书店里举办的一个小型文化沙龙上。当时并未对这位在店中忙碌的男子有太深的印象，倒是这家书店颇能让人提起几分兴致。华贸的"读易洞"是坐落在华贸高档公寓楼群中的一间书屋。虽然占据了底层商铺的位置，乍看上去还是更像住在一楼敞开着门的某家住户，走进去也似一个被改装过的普通居所，只不过用书架隔出两三个相对独立的空间，里间摆着几套沙发茶几和桌椅。与那些传统意义上的连锁大书店和讲求品味的主题书店相比，这里更让人想到"社区书店"的字眼。

后来，听小石讲起他在北京开的第一家读易洞书店，并且亲身去过之后，方才发觉，与第一家开在青青社区里的读易洞书店相比，我在华贸看到的读易洞书店已经有了较重的商业气息，那个处在东南五环外的"读易洞"，才称得上是名副其实的"社区书店"。而他的店主人，经由这家书店，为我们展示了一个鲜活的城市社区，它折射出了当下私人家庭与公共生活之间的微妙关系，其背后是个体在公私领域之间进退的尺度和认知，或者，它至少是我们这个社会中一部分人的精神写照。

## 缘起

问及他当初为什么会想到去开这样一家书店，邱小石略作思考，清楚地给出了两个理由：一是从遥远的故乡带出来的爱读书的习惯；二则是与他自己所从事的职业相关。

爱读书可以算是传统赋予邱小石生命的东西，是一种骨子里的认同。邱小石生于四川富顺，这是个文人士子辈出的地方。在悠久的传统氛围之下，无论是历代的书香门第，还是一般的寻常百姓家，生长其中的人对读书总是很容易产生一种特殊的情感。邱小石便是其中的一员。爱书、爱读书是他自然的兴趣所在；从兴趣到开间书店，在他看来，则是这兴趣的自然延伸。因此，工作之后，当他在北京安居下来，当生活的压力已经不大，开家书店就是个自然而然的事了。小石说，"读易洞"这个听上去有些古怪的名字，其实就取自故乡一个有着多年历史的书院。

此外，促成小石决定开书店的另一个很重要的原因，与他这些年的工作有着曲折的关系。小石所从事的职业是房地产广告策划，很多时候是为商业楼盘，包括商业住宅小区，提供原始的策划构想。在这样的工作中，"社区文化"往往是他工作中涉及到最多的概念之一。但久而久之，在与房地产商打交道的过程中，小石发现，他策划构想出的"社区文化"概念，往往只是房地产广告中用以吸引消费者的符号。房地产商通常所标榜的各种"社区文化"类的东西，其实仅仅是出于售楼目的的商业包装而已，"是非常肤浅、表面的东西"。

但小石自己，却对"社区文化"这个概念情有独钟。小石认为，虽然开发商们把社区文化当作一个幌子，但他这个作此类策划的人，却不能把这仅当作一个幌子——在心底里，小石是认同社区文化这个理念的。于是，既然开发商不来建设，那自己就可以来做。做的方式，就是开了这间读易洞书店。

基于这样的情感与考量，小石在住进青青社区的同时，就购置了一个商业铺面，开了他在北京的第一家读易洞书店。小石自己的家与书店不过10分钟的步行路程。与华贸读易洞书店的布局相比，青青社区的这家"读易洞"略显得有些局促，书架上似乎挤了更多的书，而不放书的空间也被店主人不知从何处淘来的旧物所占据，但被书架隔开的狭小空间里，依然摆放着桌椅，供光顾者饮茶看书。

## 生活中的书店

读易洞书店开张伊始，便有许多人，包括相识的朋友和初次光顾的客人，都对书店能否维持下去表示过担忧。对于此，作为书店老板的小石，心里却有着自己的打算："自己并不靠书店挣钱，更不靠卖书挣钱。"这恐怕可以算是他对自己这家书店的准确定位了。

经营书店，总给人某种崇高的附加值，也会给经营者抹上一层文化人的光环；经营不善的文化人，还会被抹上些悲情的色彩。小石却不是这样的人。面对这个多少与故乡生活有点关联的小书店，小石非但没有强烈的使命感，而且，他还会很认真地说：读易洞书店更像是自己的一个爱好，如同任何人在生活中都可能会有的任何爱好一样，他不过是在"玩书店"。

不过，小石"玩书店"的玩法，的确是一种很认真的玩法。小石仔细计算过："开一家小书店，最大的成本就是房租和员工工资。"在房子是自己的情况下，小石的爱人辞去了工作，全职打理青青社区的读易洞书店。小石说："通过家庭经营，其实是降低了投资成本的。"乍看起来，既然不指望着书店挣钱，这样地投入时间，就似乎有些过火。其实不然，在筹划开读易洞书店的时候，小石甚至将开一家书店的成本与买一辆车相比较。细算起来，在免去了房租、员工工资的前提下，开一家书店和买一辆车每月的花费是差不多的。"而比较起来，人人都可以开一辆车，而我可以开一家书店。我的

形象就很特别。"如此论起书店的经营，小石像一个理智的、会算计的商人，也像一个普普通通的有着虚荣心的青年人，看不到经营书店带给他的精神和道德压力。

正是基于将开书店视为生活中一项爱好的心态，"读易洞"的经营，比起一般的书店，显得多了些随意的色彩。小石介绍，书店里所有的书，从来不扫码，也不录入。"其实，读易洞的进书频率挺高的。"小石说，"几乎每周都会有新书进店，有时候一周会进两次。但是，新书进来之后，就摆在架子上供顾客或买或看，我们自己从来没有工夫去录入。"因为从来不曾期望从投资这间书店上得到经济回报，所以，经营起来便没有负担，技术层面上也因此很"懒散"。至于进什么样的图书，更多的是凭着这老板和朋友们的兴趣决定。而且，每次进书，每本书通常只是一两本："卖出去就卖，卖不出去就留着当作自己的藏书。"秉着"玩书店"理念的老板，心态于是也很平和，小石对于"读易洞"的底线是，"不要成为经济负担"。也正因此，对于"读易洞"的未来，小石称，自己并没有任何期望。尽管很多人曾经质疑书店能否存活下来，但在坚持了3年之后，"读易洞"依然"没有成为经济负担"地运行着，在小石看来，这已经是成功了。而且，有点出乎小石预料的是，正是在经营读易洞书店的过程中，小石还开辟了"图书顾问"的新职业：现在，他在为几家大公司的图书室提供人员培训和书目介绍。小石严肃地说："严格说来，我的读易洞店到目前为止是盈利的。"而对于未来，如果必须要有个打算，那就是让这书店开得足够长久。"如果有一天这个世界上所有的书店都关门了，只要还有一个书店，那就是读易洞——这就是我的愿望吧！"
小石大笑。貌似"远大"的目标，却依然带着随意的生活气息。

## 社区书店与社区

开在社区中的读易洞书店，不可避免地要与社区有所交往。而作为一个自
我定位于"社区书店"的书屋，它与社区之间的微妙关系，在店主人自觉
与不自觉的行动之下，随着一日日的经营而渐次展开。

邱小石说，他经营书店三年来，对待顾客的态度经历了一个质的改变过
程。起初，凡是有客人来访，作为店主的他们（邱小石和他的妻子）总是
诚惶诚恐，一心秉着"顾客即是上帝"的理念，唯恐对进到店中的客人照
顾不周。但是，他们渐渐改变了这样的心态。现在他们多是以一种平常
心，对待走入书店的每一位顾客。"现在我们对到店里来的客人'冷淡'
多了，"邱小石说，"有客人进来，我们该干嘛就还干嘛，顾客想看什么
就自己看。"

书店在社区里开张伊始，作为店主人的邱小石夫妇对到访的邻里们无不热
情接待，进门茶水招待、坐下来一起聊天，而这些后来竟成为许多人进到
书店后比看书更重要的情节。一来二往之后，熟识起来的邻里们，将读易
洞书店当作了自己走出家庭的歇脚处。自家有什么烦恼琐事，也跑来"读
易洞"向老板娘倾诉；或者，呆在家中烦心，借口逃离，跑来"读易洞"
闲聊打发时间躲清静……凡此种种，久而久之，令经营书店的小石夫妇感到
有些疲于应付。

在小石看来，这样下去，"读易洞"就逐渐演变为社区居委会了，远离了
他当初开这家书店的初衷，承担居委会功能也令他们失去了太多的自我空
间。即便是单纯地倾听，也要占用店主人的时间，更不要说倾听过程中不
得已的情感投入了。牺牲掉自己的时间和精力去听与自己毫不相干的别人
的家长里短、是非恩怨，显然不是小石他们热心的事情。"我只是开书
店，并不想去介入邻居的家事，也不想因为这些失去自己的私人空间。"
小石如是说。于是，经过策略调整，才有了如今走进读易洞书店的情景：
几乎没人招呼，常来的人，想喝茶的自己倒水，想休息的自己找沙发或坐
或躺，而店老板小石则旁若无人地或看书或上网，忙着自己的事情，放着

自己的音乐，若非特殊情况，甚至不会与到访的邻居打招呼。

然而，无论是最初与邻里们"过从甚密"的居委会式书店，还是如今略带刻意而实现的"一切自助"式书店，"读易洞"与它所在社区的生活已然交织在了一起，并且建立起了一种非常微妙的融合关系。尤其当涉及与公共相关的事务时，"读易洞"常常轻易地便成为社区居民的考虑对象。对于这一点，店主人小石采取自然的态度。书店开在社区中，作为一个非纯粹私人空间的存在，它向所有人开放，尤其当它被大家共同选中时，小石并不拒绝书店作为公共空间参与其中。但是，他的作为也几乎仅限于此，他只做书店的主人，并不主动去成为这些公共事务的发起和组织者。

最近这一年多发生的几件事情便是读易洞书店与社区微妙关系的真实写照。一件是"读易洞"所在的社区曾与物业公司发生纠纷，业主们自发组织起来欲与物业方进行谈判。前期的牵头、讨论主要在小区的网站论坛上进行，但进入实质谈判阶段后，网络空间已经不能充分满足业主们的讨论需求，面对面的商讨成为必然，而它的实现必须有一个合适的物理空间。小区业主们几乎不约而同地想到了读易洞书店。对于这样的公共需求，小石并没有拒绝，"读易洞"的沙发和茶水向业主代表们开放，而他们聚在读易洞书店一角商量着应对物业的对策时，店主人小石夫妇依旧在书店里忙着各自的事情。

另一件事情，发生在去年5月中旬的汶川地震期间。地震发生之后，民间发起了许多自

发的捐助救灾行为。读易洞书店所在的社区有人想捐钱，也有一名画家将自己的画拿出来义卖；最后经由业主讨论，用所捐款项购买帐篷，运往灾区。在这过程中，每位业主的捐款抑或义卖都离不开一个大家共同认可的公共场所，"读易洞"因此又一次成为了这项公共行为的空间中介。对此，小石依旧是自然的态度。业主捐来的钱，或画作的买卖交易，都由书店受理，而从来不登记入店书目的店主人，却对这中间的每一笔金额都详细地做了记录。同时，作为业主之一的小石，也购买了一幅画，参与业主的整体捐赠活动。

此外，诸如业主们冬天自发捐钱给小区保安买过冬手套之类的集体行为，虽然常常动议于网络上的小区论坛，但在活动的实践过程中，通常必然有一个环节需要一个真实的公共空间作为辅助，而读易洞书店往往是大家自然而然想到的场所。对此，小石始终秉持他最初的向所有人开放的主张，几乎从不拒绝书店作为大家的公共场所使用；但同时，店主人自己有着清晰的自我认知，从不以个人身份深入地参与到诸项公共事务中去。于是，依托着读易洞书店，公与私的区隔，在店老板的心里自然地划分而成。

## 以个人的方式建设属于公共的文化

"公共领域"、"市民社会"早已不是学界分析国家、社会时的新鲜概念，即便是用于对中国社会近几十年变化的分析，也已不乏讨论。尽管学院派们往往喜欢纠缠于这些概念的含义，但是，对于这些问题的大致内涵，依然是能够勾勒出其轮廓的。本质上，"公共领域"、"市民社会"这类概念的关注点在于，国家与个体公民之间权利的界定、分化、平衡，以及规范秩序的变化。事实上，公民个体参与公共事务的历史，最早可以追溯到古希腊和罗马时期，而这一理念的近代复活则与18世纪的自由主义政治密切相关。就中国的历史发展而言，对这个问题的关注，已由早期争论这些派生于西方历史和现实的概念是否适用于中国，转而近期越来越多地讨论中国的市民社会的特殊形态。其实，支撑着中国市民社会特殊形态的，正是每天真实发生在这个社会每个角落的实践。邱小石和他的读易洞书店，便是其中一例。

30年市场经济的变革，使得以商品房为主要基础的社区，逐步取代以往的街道社区景观，全能政府也逐渐从最基层逐渐或主动或被动地撤离，于是，在个体与国家之间渐渐留出了中间地带，涉及个体私利之外的公共利益，成为这个中间地带需要处理的问题。这就需要公共而非纯政治意义上的机理来应对这些问题。其中，文化、价值方面的思索、探讨，甚至建设，是公共领域中重要的一部分。这样的公共领域如何形成？如何实现文化、价值的讨论和建设？甚至公共的而非政治的事务如何有效地协商解决？对于这些问题，在理论能够总结和回答之前，丰富的经验实践显得更加值得关注。

从这个意义上来说，读易洞书店或许为我们提供了一个积极的范例。"读易洞"这家社区书店的文化活动，除去充当所在社区的"公共议事厅"角色之外，它也经常举行一些基于同乡圈、朋友圈，甚至网上社区等的文化沙龙。比如去年底，"读易洞"曾在店里举办过某类主题的作品展；同时，"读易洞"曾在北京的各个万科社区内，组织巡回童书展；而近期，小石老板正在"读易洞"发起"推荐书目"的活动，鼓励光顾者（或者是小区的业主，或者是店主的朋友）向大家推荐书目，并为每位推荐者在书架上预备了一个格子，上面贴上推荐人手写的推荐书目和推荐理由。这些无论是基于实体社区，还是基于小众圈子，读易洞

书店都不同程度地在个体的私密空间外，为
公共文化和公益的增进与改善发挥了作用。

但这并不是邱小石的行为最为动人的一点，
动人的是如邱小石这样的人，在"公共文化
建设""公共领域开拓"处的实践，是他们
出自个人兴趣的自然而然的举动。对于邱小
石而言，开书店，借助书店或主动或被动地
举办各种文化的、公共的活动，都是自然而
然发生的事情，他并没有为了实现某种听上
去崇高的使命或理想而去从事这些事情。这
种行为方式，在邱小石和"读易洞"的身
边，是一种普遍的方式。比如说，在华贸的
那家也叫做"读易洞"的书店，便是小石做
广告的同事开的。他们认同小石做"读易
洞"的理念，在华贸开办了"读易洞"的连
锁店。对于他们而言，做这间书店同样是副
业，他们同样也只是出于爱好、兴趣而经营
的。再比如说，我第一次见到小石的文化沙
龙，就是小石的朋友们在"读易洞"创办的
每双周一次的"文化周末"。不同于其他书
店为了攒人气、多卖书而组织起来的论坛、
讲座，"文化周末"组织起来并不吃力。组
织者和演讲者均出于自愿，组织方式也不过
是在豆瓣网上发个帖子通知大家一下。一
切，都是在兴趣、爱好引导下的文化生活。

对于如邱小石这样的人来说，文化生活，首先是自己不可或缺的需要；然后，当他们发现在自己的能力范围之内，有可能做点什么事情的时候，他们就去做了。做得好的时候，是自己的文化享受；做得不好，也无妨，撤回去，等有能力了再去做吧。有意思的是，无论是开书店、办活动，这些人的文化生活，因为其所兼具的公共性，使他们在客观上建设了属于公共的文化生活。

每个时代总有这样的人，而每个时代这样的人应该总不是少数。我们或许可以看到，在这些并没有把公共文化建设作为自己使命的个人身上，在这些并不太自觉的行为背后，公民个体正在进行着真实的文化建设。

叁

观念建筑

记录与表达存在的艺术思维

为兴趣和意义工作······

创作是种滋养······

读易洞内——宋振中 绘

# 为何关注社区？

《建筑生活美学》是2010年在中冶置业（青岛）总经理高评的支持与鼓动下，由胡颖、马力和我创办的工作室一刻间主编的企业品牌双月刊，总共出版了十期。

刊物的栏目设置非常简单，就是刊名的三个词汇：建筑、生活、美学。

"建筑"板块的主题，就是社区。每期封面专题从"社区"展开，比如，社区再生、社区商业、社区社团、社区标本、社区导视、社区公物、社区道路、社区老人、社区宠物、社区市集 …… 一刻间组织采编团队，包括文案、采访、编辑、摄影、设计，围绕专题策划，进行社区调研、实地考察、人物采访，运用文字、摄影、插画等记录手段，结合具体的项目实施，形成系统的研究与呈现方法 ……

在首期《社区再生》编后记"为何关注社区？"中，我是这样表述的：

花很长的时间做一件事，其实都是为了使事物回到原本应该存在的场所。时间够长，里面自然就蓄积了时间和自然之力，场所就变成了一种境界。
每个人都是一段时光的储存器，不要想所谓的永恒，今天之所以保护一段建

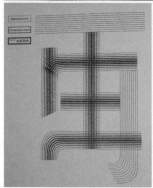

1. 社区道路
2. 社区再生
3. 社区社团

筑，是因为对它有记忆的人还活着。我们感叹消失的社区生活，是因为我们都是从那里过来的。如果我们不存在了，消失了就消失了吧，接下来是另外一段，每一段活着的人，都有能够保留住自己记忆的能力，从中获得了生命的尊重。

一切都是不可阻挡的。我们今天想这些问题，是因为我们活在现在，而现在这些问题，关系到我们的感受和幸福。以上所有都归结为一句话：不要轻易地去破坏时间积累的东西。

"生活"板块每期全方位的深度采访一个有趣的人，我周边的很多有趣的朋友都被这本杂志刊载——做餐馆后来创办环时互动的金鹏远、开办懒人餐厅的陈三、社科院文学研究所的杨早、中央美院的老师李玉峰等等。

"美学"板块则是对青岛进行主题性的城市旅行记录，比如评选"青岛沿海最美的座椅"，采编团队步行十几公里、拍摄、测量、记录、评判沿海的公园、沙滩、道路的座椅的造型、材质、尺寸、舒适度以及景观等等……（非常遗憾的是，我后来才接触到社会学家怀特《小城市空间的社会生活》以及街头调研小组的工作，不然对我们的工作更有裨益，而不是因循直觉的随意），还有一期我们游逛崂山，对崂山景区能看到的汉字进行字体的概念设计，形成崂山体，希望一个地方独有自己的视觉文化系统。这些有趣甚至异想天开的创意，都在杂志中以文本的方式得到了实现。

当时"一刻间"团队也在服务中冶在青岛的房地产开发项目。刊物的出品人，中冶青岛的高评总经理，对创造性工作有敏锐的洞察，杂志的研究性与项目的实践性有效的结合了起来。往往我们都觉得广告公司的人比较活跃，开发商比较严肃死板，高评颠覆了这个印象。在他独特格调的逼压下，我们的活力很大一部分由这个"文艺大叔"点燃。对生活的热情，专长的乐趣，对吃的热爱，到最后，嗯，其实我们也有过非常激烈的争吵……相互的包容，内心的尊重，我们完全超越了甲乙方的关系，成为了彼此真诚相待的朋友。

他是"生活"中最有魅力的人物。

# 社区再生

原文刊载
《建筑生活美学》
2010

## 专题源起

开发一个网站或研发一款手机，较容易在产品推出市场前进行全面的用户体验。社区则不同，开发与入住使用周期长，往往等到问题发现，已经木已成舟。

## 社会背景

城市发展／房地产开发／大量新型社区产生；
市场经济解体单位共同体／自由流动／新移民／陌生人的社区；
城市化／建筑方式／建筑形态／高密度／工作方式的变革／交通／SOHO／网络／居住形态的改变；
过度与高速开发／知识、专业、经验的缺失／设计缺少检验／纯粹营销目的／建筑机能缺损／商业配套单一／卧城／社区生活消失或改变／社区缺少活力 。

## 社区概况

2001年开始开发，位于城市近郊，紧邻五环，距离四环8公里。

至2006年分为四期开发结束，入住陆续完成。

小区总建筑面积约27万平方米，容积率1.2，1700户左右。

建筑以4层半的花园洋房为主，层层退台，中央绿化带最好的位置是联排别墅，由它形成社区规划的脊柱，最后开发小高层电梯公寓。

社区居民家庭主要为有小孩家庭，小孩年龄从出生到小学之间为多。父母白天外出工作，家里多有老人和保姆。除此之外，也有相当一部分二人世界的家庭，随着时间的推移，也会转化为前一种家庭结构。

社区规划一个有30余家店铺的社区商业街，并逐渐形成了稳定的社区商业业态，小超市、鲜蔬店、多家家常餐厅、面包房、发廊、按摩店、美容院、洗衣店、邮局、社区诊所、书店等等。

社区同时规划配套一所幼儿园和一所小学，以及带有一个25米×10米的游泳池、乒乓球台球室，以及简单健身器材的会所。

## 社区关系

购房者多为移民，有寻找家园、安居落户的迫切愿望，把相似的选择视为生活理念的认同，形成新型的组织结构以交流。

最初多通过聚餐、出游、运动等集体活动发生关系，新鲜感强，持续性弱，随着工作的负担、个性的舒展、差异化产生，关系解体，而日常的邻里关系尚需时日积累。

老年人跟进入住，在社区公共环境停留时间更长。通过日常生活中的交集，如晨练、郊游、购物、散步，结合关注的共同话题，如养生、家庭、子女，建立新的社群社交关系。

儿童由于同龄和社区同校结成玩耍的朋友，关系稳定，但短暂。

**影像片段**


**单体设计**

因为位处郊区，开发较早，容积率较低，公共空间较为宽敞，建筑单体多为开放性的单元设计，一层多有庭院，散步景观丰富，增加了邻里交往的频率。


**社区商业的位置**

社区商业非常集中地位于社区入口，距离相当部分住宅较远，日常使用并不便利。社区入口道路狭窄，人们随意停车，购买生活用品，造成交通阻塞。因为有很明显的时间规律，物业安排人手加以疏导解决。


**车位与管理**

车位规划不足，邻里之间以及物业与业主之间常因此发生纠纷。社区入住率提高以后，为控制乱停车，物业先以武力方式减少非停车位，再为有车位的车辆办理出入卡，成功控制小区内部停车的有序性。前后约半年时间，汽车堵出入口事件多起。时间是解决问题的办法，通过物业的工作和居民的自我约束，理性逐渐增长，乱停车问题得到解决。


**改扩建**

由于一层户外花园和顶层屋顶花园以及层层退台形成的退让空间，业主为了增加室内面积与功能、建阳光房种养植物、冬季防风保温等各种目的，小区这种扩建很多，并由此盘活了好几家在社区商业街承揽搭建业务的公司。物业在与相关业主签订一份排除自己责任的合同之外，基本听之任之。改扩建影响建筑外立面整体，但业主改扩建的时候，多自觉按照原立面色彩形制规范实施。


**跳蚤市场**

社区定期举办跳蚤市场，旧物互换，很好玩，也有小孩趁着大人疏忽搬自家东西贱卖。逢周末和节假日的跳蚤市场，是最有社区氛围的。


**公共广场**

公共广场对社区居民有自然聚集的作用，但围合在住宅之间的广场使用起来并不太合理。由于老年人和青年人作息不同，老年人集体晨练，尤其有音响辅助的运动，对还在睡觉休息的人产生干扰。这是硬伤，没有别的办法，各有需求，经协商，音量得到控制。

## 狗便袋

功能设置之外，对人们是一种提醒，比一块"及时清理你的宠物便便"告示，更有温暖的好感。

## 社区论坛

大部分业主在线下未必相互得出名字，但在社区论坛，却有很多大名鼎鼎的ID，可称为社区的公众人物。他们具有相当的影响力，传播消息、召集活动、组织集采、结社乐趣与爱好，甚至参与生活与职场建议。但也难免会出现激烈的争执与站队的状况，谩骂与删帖也时有发生。在虚拟的社区，个性比现实更加突出，缺少掩盖，反而呈现多元而生动的社区生态。

### 纪念之物

社区的一切都很崭新，缺少我们小时候印象深刻的古旧场所。新社区的统一性，建筑、绿化、公共家具、缺少感情的小品和时间的积淀，以及为了消灭安全的死角，一切平铺直叙，空间没有秘密，少有惊喜，缺乏纪念的突出之物。

### 立面的再生

如果物业不能及时修补，植物自然生长的掩盖，以及自然呈现的生活状态，是使立面再生最好的办法，并且更有生机。

### 节日气氛

每到节假日，物业会用彩灯妆点社区各个入口的植物。挂上灯笼，布置花台，使社区产生除了气候四季变化之外的一些升级。但每次的方式比较单调，应该和人力与经费有关。为了安全，大年三十设置集中烟花放置点。

### 公与私

建筑单体具有的庭院数量较多，使的各个家庭鲜明的个体差异、通过庭院的元素而呈现。各类植物、特色园艺、休闲吊椅、烧烤台、千差万别的装

置与设计。这公共可视的部分，划分为个体所有，成为公共与私密之间的
过渡，是小区最有活力与魅力的场景。

**噪声**

每个人对什么是噪声的理解不同。水系的流水声也可能成为白天睡觉的居
民认为的噪声，减速墩造成汽车颠簸的声音，也是邻居主要的投诉原因。
学校因为相邻社区，其高音喇叭就更甚了。但也有人认为这也是社区活力
的构成，前面说到的晨练也是。

**社区公益**

特殊时间发生，社区总有热心公益的人士组织公益活动，比如为地震地区
捐款捐物，为贫困地区学校捐助图书。春节的时候，为小区保安买棉裤袜
子。送上水饺，参与者众，社区和睦温暖。

**导识系统**

导识系统最主要的使用者是访客，熟悉了环境的业主不需要。出租车司机
经常在小区迷路，找不到出口。导识牌应该出现在显著的位置，型制规

范，文字简明清晰方正，不产生歧义看得见
（视）、能理解（识）、有指令（示）。

## 社区关系再生器

会所、社区商业、学校、休闲广场等公共空
间，这些都是社区关系再生的重要发生器。
人们在此相遇相识，通过聊天发现共同志
趣，以及衍生后续社区的生活故事。一对老
奶奶因为各自的孙子在一个学校读书而成为
好朋友；两个男女青年因为遛同样品种的狗
而成为一家人。公共空间应该相对集中，有
更多适宜于停留的空间和座椅。

## 小品

社区入口一块巨型的自然素石被塑料围栏与
不搭调的鲜花装扮。哪些东西应该维护，哪
些应该让它保持原样，以避免蹩脚的想法任
其任意实施。

## 道生活

道路在步行、自行车、汽车多种共生状态下
角色是混乱的，制造冲突，但也显现活力，
安全的方式是降低汽车的车速，道路弯曲变
窄，拐弯处设置凸面镜。

## 总结

共性的问题，早已被关注并总结，需要强调
的是，尽管建筑规划确能对社区的再生产生
积极的影响，但具体操作的前提是人文常识
的拥有与社区价值的重视。才能真正平衡即
时的、现实的矛盾。

# 社区社团

原文刊载
《建筑生活美学》
2011

## 专题源起

社团是具有某些共同特征或兴趣的人相聚而成的互益组织。

社区社团是社区居民基于生活独立范畴而自发组织的兴趣团体，以丰富的业余生活充实精神世界。

社会老龄化进程的加速，以及新型社区的独特性，社区构成重组，老年人成为社区生活全时的参与者，老年合唱团在社区社团里具有典型的意义。

通过对一个社区老年合唱团的深度采访，在其乐融融的社团活动的背后，发现影响与促进社区社团发展的本质因素。

一次老年合唱团的排练纪录

## 活动空间场所介绍

每周两次的合唱团活动，安排在周三和周五的下午两点到四点。

合唱团排练场地位于社区会所二层。会所在社区开发之初即建成使用，包括游泳池、健身房、乒乓球室、壁球室、台球厅、阅览室、麻将房等大约2000多平方米，一个功能较为齐全的空间。

到2011年已经使用8年，设施一致没有更新，会所部分空间出租。老年合唱团的活动，使用的是健身房，里面仍然有跑步机、举重器材等健身设施。

活动开始，老年人把折叠椅一个一个地搬出来摆好，活动结束，再把折叠椅收起放好。

**影像片段**

01 _ 老年合唱团DIY的音响。

02 _ 下午两点之前，合唱团成员陆续前往会所。

03 _ 活动场地位于会所二层。

04 _ 复印好的谱子已经分发到每个座位。

05 _ 准备工作。

06 _ 陆续就坐，女前男后。

07 _ 失修的座椅。

08 _ 活动准备，拉伸身体。

09 _ 戴耳麦的教练。

10 _ 从老年人使用的超市环保包看出，他

们也是家务的主力。

11 _ 也有很时髦的老年人。

12 _ 互相帮助。

13 _ 不时调皮，中间的老人已经84岁了，

活泼开朗。

14 _ 不分彼此。

15 _ 简单的琴。

16 _ 开嗓。

17 _ 今天学习新歌，先看一段影像资料，

教练老师有点着急。

18 _ 饮水机也是团员家属私人赞助的。

19 _ 茶水。

20 _ 一点半过了。

21 ＿ 抽空大家聊会儿天。

22 ＿ 晚到的大爷，坐在最后面，他已经搬

离了这个小区，每次活动自己骑半个小时电

动车来唱歌。

23 ＿ 正式练习唱新歌。

24 ＿ 大家逐渐进入了状态。

25 ＿ 规模不小的合唱团，能够分四个声

部。

26 _ 已经有一定基础的歌唱者，口腔打开得很专业。

27 _ 从表情看，教练老师有时满意有时不满意。

28 _ 中间休息10分钟，老年人聊天。

29 _ 歌声从会所二楼的这个窗户传出。

30 _ 排练结束，老年人各自结伴回家，该做晚饭了。

## 老有所乐即和谐
老年合唱团组织者采访实录

老年合唱团前几年还不错，但这两年发生了一些人事矛盾，之后就没人管，就放下了。原来，大家都有交会费，但是会费都干什么了大家都不知道，说要搞什么活动都没搞。乐器什么的都是居委会原来现成的，参加一些节目，完了有一些就没有了，就这样，这一两年老停着。有时候唱歌也就20多人。

我喜欢运动打篮球，以前在单位也管文艺文体。去年春节之前，打球时以前合唱团的人老和我说让我挑起来。我说到60岁再弄，不到60岁先不管。他们就急，老找我，因为我和大家以前都认识，又有人脉，上下都认识，所以相中了我。我说让我弄也可以，但

要按我的原则走：不收会费，不给压力。要会费干什么呢？没用！所有来的人，都为一个共同目标：找乐，不要为了任务，一点都不要给大家压力。大家都同意我这个原则，这样我才出面来管老年合唱团，成立了5人筹备小组。以前有团长、副团长，现在一律没有，但是有筹备小组，就是干事的人，就是组织、分工。有什么事、你做什么、我做什么。像刘大爷，他年纪大了，管复印；业务由张老师、王玲、杨老师等4个人，每天都保证有老师在，教大家唱歌。我全面负责，你做不来的事情找我，我去做。

团员唱歌来去自由。比如2点活动，你要有事就可以走，若要有事说3点来也行，来了吼两声，就找到了乐趣。人人平等，你在单位是高官、是教授，但在这里要把高官和教授的架子放下来，在这人人平等。五音全的声音大点，五音不全的声音小点，在沟里的慢慢往上爬，有老师教，咱们慢慢提高，就一样，主要强调和谐找乐，大家不要互相排斥，一边互相学习一边互相帮助。但是这样以前的团长副团长我就得罪了。我不怕得罪人，把他俩得罪了，大家乐了就行。大家都来了，我就达到目的了，慢慢再给以前的领导做工作，给他一段时间，让他们也参与进来。重新开始后，经常参加活动的有60人左右。现在这个合唱团有地方的、周围的、社区的、农村的。我们欢迎所有的人来参加，欢迎老年人、中年人、有乐的人来参加合唱团这就是目的，让大家高高兴兴地来，唱着歌乐呵呵地走。

我很愿意做这些事情，本身我就是青青家园的义工，青青家园一共有9个义工，我们两口子都是，所有的活动都参加。这个合唱团就是义务办的，开始大家唱歌没有歌本架子，我母亲80岁了，老太太拿钱让我给大家买架子，买完后送给大家。现在要印2种歌本，张老师先筛出150首歌来，我印去，我负责去找纸，人家帮我找到印刷厂，裁了两刀纸，一共是1200张。我上乡镇府通过大学生复印，之后去装订厂装订，弄了好几天，全是义务的。

社区漫步

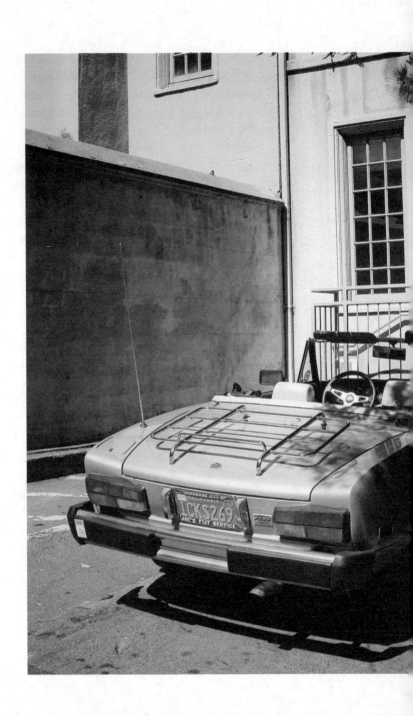

我在社区步行中找到很多乐趣。

我给自己制定的计划是每天一万步。白天工作时可能会累积3000到4000步，晚上步行45分钟到一小时，一万步就能比较轻松实现。

晚上的步行是一个重要的时刻。换上轻便的鞋，设置好运动记录，开始在小区的道路漫步。

小区东西向布局，根据开发时间先后分为四个区。一区因为交付时间最早而且是卖房阶段的示范，植被最茂盛，建筑被掩隐；二三期贯穿了中央景观以及水系，设置了一列像脊柱一样弯曲的联排，支撑起社区的平面规划结构，道路方式最丰富，视野也最开阔；四期是高层，别致地集中了社区栽植最高大的树木，以及一条紧靠社区边界的最幽静私密的有点郊野气息的小径。必须低头认路，并躲避树枝挠头。

每天步行的首个心理暗示是："走一条新路。"但大部分状况都是循着一条大致相同的路径做稍许调整的编排，原则是保证尽量大的行走半径，并通过我们认为环境最优雅的地方。大致差不多走两圈，每圈约2公里，在第二圈的路径上，对第一圈做一些即兴的变化。

这些路径包括一些机动车和人行混合的道路，跑步的人多数是在这样直线的道路上锻炼，我们步行则更多集中砖石铺就的景观道路，速度保持在每公里12至13分钟的速率节奏。

如果每天都是这样重复，再加上晚上路灯幽暗，周遭环境并不能增加步行的乐趣。绝大部分时候，大脑启动的是自驾模式，行走的距离在不知不觉的聊天过程中，就达成了。

并不是人越少的道路越让人愿意行走，有时候我们反而会选择一些热闹的区域，遇见装备专业的跑步青年，遛狗、推孩子的年轻夫妇，暴走然并卵的胖子，和认识的邻里打个招呼，和我们一样散步的任何年龄段，以及迎面而来的下班回家徐徐驶入的汽车灯光，这些都是挑起散步即兴话题的小石子。

最近我们刻意地躲避社区最北边的一条主要道路，走近那里会闻到一股浓烈的骚味。经了解，原来是社区北边新开了一个马场，味道是大夏天动物传播的自然气息。

－
－

## 做那么好的建筑，但书总是应付

这些年读易洞成功地做过很多图书馆的图书顾问。在这个过程中，不断地都有图书配送业务的咨询，大部分是房地产开发公司，前期都谈得热火朝天，要做社区图书馆，建筑、空间、书架，设计施工都很漂亮，一应俱全，然后一到报价准备采购图书阶段，对方就消失了。

昨天朋友圈狂的转一个帖子，安藤忠雄在杭州万科设计了一个漂亮的图书馆，一万多平方米的多边形建筑，几何感、空间感、水泥质感……文中是这么说的："一切都按照预期地进行着，只是……满墙的木格子还空着。"然后他们想的方法是："人与人连接，以众筹的方式，每一个人带一本书到这里……你看书的时候也会看到别人的心情。"

乍一听似乎是很有情怀的想法，实则是对图书一知半解，投机取巧的办法。我当即评论说："我就不理解，本质是一个图书馆，请安藤做那么好的建筑，但书总是应付。"

怎么理解呢，没经历过事情的人，总会想当然地去做一件事情。因为每个人多少会读一些书，自家的书架也会摆放着一些书，就会产生一个图书馆无非就是图书量更大一些的空间。买书还不容易么？

布衣书局的胡同去年参加阅读邻居DIAO计划，为每一期DIAO计划的订阅者提供一本二手书，其实也就50余本。布衣书局的库房书山书海，十余年日日夜夜与书交道，这会是什么难事么？但胡同每次都特别苦恼，主题统一性、图书质量（内容和版本）的均衡性，坦率说，投入产出太不均衡。我们都理解胡同今年的退出。

我不是说大家都要像胡同为每一本书纠结，但一个图书馆的图书建构，目的性、系统性、主题性、如何评价，还有，知道有什么书，在什么渠道，如何判定一本书的优劣，这些难道不需要"安藤忠雄设计房子的专业能力"么？何况中国的图书，99%是垃圾。一个没有节制的社区图书馆，你真的放心自己的孩子在里面畅游么？

这还真不是我的想象。曾经被邀请去看一个社区图书馆，我看了之后建议说把所有的书都下架吧。这些书不是折扣有多低，而是粗制滥造的盗版。供书的人想跟我翻脸，我说那我们把这些书拿去出版社鉴定一下吧。我也很可怜供书人，智力使在偷鸡摸狗中不说，那么多书，辛苦付出的体力和不知道如何收尾的心力，也值一大笔钱哪。

很多时候，我一看图书馆书架的设计，就知道书在他们心中是什么位置。还是拿杭州这个图书馆的书架来评论，那么高高在上的书架，有些书你一辈子都别想摸到，完全没有人与书的沟通价值，你也只好拿"场所精神营造"来忽悠了。还有一些细节。一层书架的净高应该是多少，很多设计师都没这个经验，往往是书放进去，漏一半书架，全场都在"漏气"。你真的知道什么是"场所精神"么？

其实这些感受，在去年去看那个风靡的孤独阿那亚图书馆时，也有这番心得。可是话说回来，要求或许苛刻了一些，毕竟，有图书馆，总比没有的好。

人人都可以有意识地
成为一个规划师

《城市规划师职业指南》
[美] 迈克尔·拜尔、南希·弗兰克、
杰森·瓦列里乌斯
电子工业出版社

这本书书名偏专业导向，但内容生动形象，不仅普及了城市规划涵盖领域的常识，还深度采访了几十位在美国从事城市规划的专业人士：为什么喜欢这行？学习历程？如何开展工作？如何成长并最终成为一名优秀的城市规划师？

在很多人印象中，规划设计、建筑设计、园林设计，才是城市规划的专业范畴，甚至要具备绘图表现的技能，才能从事规划工作。《城市规划师职业指南》这本书揭示了城市规划的复杂性，或许其复杂性就来源于未来性。学习这门专业和从事这门职业，必须具备全景视野，充分理解影响城镇未来变数的因素与机制。学习的技能和方向包括环境科学、社会学、地理学、经济学、统计学，当然也有艺术设计，甚至政治学、政府政策制定等等，万象包罗。

美国大学一个中等规模的城市与区域规划专业，大约由十位核心教职员工构成，其中三位是城市与区域规划专业博士，两位城市设计或建筑学博士，另外五位分别是法学、经济学、地理学、统计学和政治学博士。不同学科背景的教师和交叉学科的学者，可提供对研究现象多元维度的启发，从教学观念和学科设置上引导学生多专业协同的跨界思维习性。

举个例子：科技越来越发达，城市规划提出了"智慧城市"的概念，总结一个要点就是"草根运动持续塑造城市"。什么意思呢？人自身的行为，就在进行着城市的规划。今后，只要我们愿意贡献我们私人的数据，通过数据的抓取，可以对人口的流动、群体的喜好，包括人们方方面面的行为，进行数据处理统计分析，描摹城市的变化变迁、道路规划、土地利用等等，作出城市发展方向的预判与规划设计。包括GIS在城市规划中的广泛应用，让城市变得更加智能，这都超出了对城市规划领域传统认知的范畴。

读这本书的收获是多方面的。我在阅读过程中照了几张照片，里面都是金句。看似专业的书，写得特别轻松，编得很好看，尤其是规划师个体的成长经历。规划也并非都是那么宏伟的大事，有些规划师做很小的事情，比如在这里做一个标志物，有何作用？尺度多大？什么造型？都是规划范畴，每时每刻发生在我们身边。人人都可以有意识地成为一个规划师。

如何让身体过一个
感觉上丰富的生活？

《肉体与石头》
[美] 理查德·桑内特
上海译文出版社

世界丰富，脑容量又有限，看过了也未必记得住。快速理解一本书作者写作的动机、逻辑和方法，掠过构成文本肉体的知识细节，是阅读的方法？还是偷懒的借口？

《肉体与石头》是9年前看过的一本书，当时在执行365天每天一篇书评的自虐行为，我就是用前面的方式阅读该书，并概括了这本书的写作逻辑：

城市发展史被作者划分为三个阶段，以身体的不同器官命名——
古希腊和古罗马用"声音和眼睛的力量"参与城市生活，反映民主天性与秩序驯化。
"心脏的运动"则探讨中世纪城市理念和身体体验，现实的诱惑和心灵的转向，灵魂与信仰如何左右城市空间。
最后是"动脉与静脉"，四通八达、畅通无阻，强调迅速、舒适成为现代城市设计的模式，个人主义得到强化，排斥了人的身体对城市的参与和在公共空间的停留，人们的感觉和感受能力越来越弱。

简而言之，作者找到一把重新梳理城市发展史的钥匙，即人的身体。而以总结作为阅读方法，就像畅通无阻的迅速，湮灭了阅读辛苦地攀爬，会不会像作者描述的"动脉与静脉"，减弱阅读的感觉和感受能力？

与之对比摄影的体验，大幅度的变焦镜头，轻松便利地就把影像拉到自己面前切片，而定焦只能通过身体移动拍摄理想画面，在行进的过程中，眼睛经历的细节信息会无限扩展，带来影像更多的可能。

例举书中两个片段，如果阅读过程忽略了这些文字，很难理解"肉体与石头"如何延伸为"感觉与空间"，理解什么是"让身体过一个感觉上丰富的生活？"

第一个是关于罗马城市空间与人体关系，以及发生的空间与人交织影响的利弊过程。简要描述其逻辑：自然设计了人体——建筑代表了一种人体的神秘延伸——设计空间需遵循人体比例——以身体的肚脐为中心（情感纽带）形成人体比例关系的城市几何学——形成严格统一的秩序——人们在伟大的建筑前保持庄重——清晰的空间次序规训着身体的行动——连婚姻的房间都应该是"秩序行为的学校"——灌输"正确的事"以及被逼做"正确的事"——可是这样的空间会抹杀多元性——导致死气沉沉的社会——不再有熟悉的愉悦，只有苍白、无趣及凄凉。

第二个是关于中古时期巴黎人如何设计能够省思内在的花园。他们认为这种花园设计必须有三个要素：凉亭、迷宫以及池塘。凉亭是有顶的空间，意味着在公共空间里面避免他人侵扰的边界。迷宫象征着灵魂努力地想在灵魂自己的中心找到上帝。池塘则是可以反射的表面，是人们可以照的镜子，修道院的设计者曾经对花园是否应该设置喷泉思考再三，最后觉得水流会破坏镜面的平静，妨碍沉思。

我相信，知识消化借助"逻辑思维"，知识广度借助各种书单榜单，是不靠谱的，只有当阅读深入到细节之中，我才能够确信回答这篇文章标题的设问——身体的确可以过上一个感觉丰富的生活，就像重新阅读《肉体与石头》，收获9年前未获得的"感觉上的丰富"。

为什么要读一点建筑书？

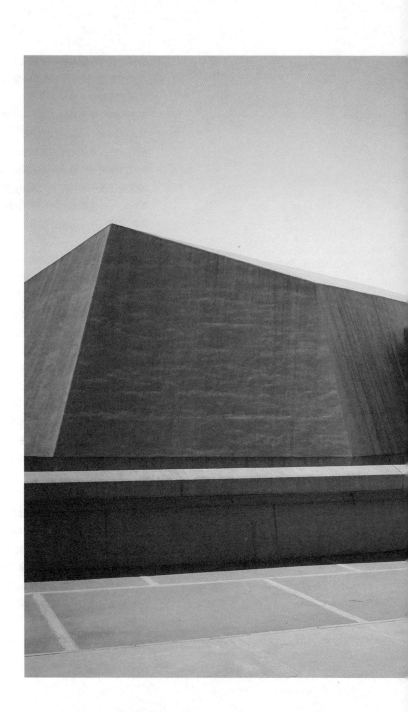

《建筑设计的470个创意&发想》
[日]每周住宅制作会
上海科学技术出版社

"建筑设计师是一种戏剧的作者，是为人们
生活安排作计划的人。"这是《建筑体验》
一书中对建筑设计师有趣的定义。

当我看到这个定义，有趣之后紧跟的念头
是，我凭什么把自己的生活托付于他们？

很早很早以前，建筑是一个全社会参与的工
作，几乎每一个人都参与了住所的形成，对
场所、材料和使用的自然感悟造就了无名的
建筑。这种参与其实也存在于现在边远的乡
村，自己根据需求建设，全村人都来帮忙盖
房子。但如今在城市里面，高度文明与分
工，普通人与建筑的过程完全丧失了联系，
只有面对建筑成品时，行使着买和不买的权
利。这让建筑丧失了一种源自于真实的品
质。很多情况是这样，建筑师们使用着便利
的软件与资料，在政府与业主技术与效益的
严苛的要求下，复制着一座一座的建筑。政
府的控规、业主对利润的要求，这是设计的
主要动机。而标准化更让设计极度的工业
化，个体的关怀笼而统之，更谈不上反省，
不容置疑的专业壁垒阻隔了业外的声音。

2013年阅读邻居年度五书评选，我推荐了
《适合：一个建筑师的宣言》这本薄书作为
候选书目。三个章节简明扼要，"建筑源于
自然"、"建筑的任务是功能和表达"、
"建筑的遗产是形式"，把建筑的开始、过
程和意义表达得非常清晰，是一本非常精道

的建筑学入门书。但更有价值的是本书的建筑观念，让普通人卸掉对"建筑专业"的畏惧感。比如，当我们谈建筑风格时，往往纠结于建筑的分类、流派、历史与传承，而一句"社区是建筑风格的终结者"，打开心锁，让我们意识到，谈建筑的时候，寻找对个体的"适合"，不妨从具体的生活开始。

一个好建筑的产生，有赖于非专业的艺术爱好者、生活者的参与。普通人读一些建筑方面的书籍，培养对建筑的兴趣、认识建筑师的所作所为，也才能能更好的参与"建筑"。

这才说到本期DIAO计划我推荐的书——《建筑设计的470个创意&发想》。

这本书源起于日本"每周住宅制作会"的活动，174页，开出了470个关于"家"的课题，视角独到，文字配图生动有趣。这个名为"每周住宅制作会"的兴趣小组的活动组织也颇值得借鉴，本身就是建筑设计公共性的实践。

在我看来，这本书在《适合》提供观念的基础上，提供了方法。一句话，它启发一个普通人参与建筑的联想，如果从"家"开始思考"建筑"，那么，"不管何时，不管是谁，都可以轻松参加"。

—
—

城市的动机

《城市读本》
张庭伟、田莉
中国建筑工业出版社

本书英文版编者之一勒盖茨教授经常被学生
问到，哪些是在某个研究领域最优秀的城市
规划论文？哪一篇新发表的文章抓住了有关
城市研究、规划学科某个领域的最新发展动
向？

这本书就是基于这个动机而编著的。很快，
这本书就成为世界各国规划研究、城市与区
域规划、城市地理、城市社会学等课程的必
读书目，并在2012年登上亚马逊专业书籍
销售榜首。

知道我们生活空间的来龙去脉，是一个很有
趣也是很有必要的事情。城市发展的每一个
阶段，都充满了人类对梦想城市的追寻，对
已有城市观念的实践，以及解决城市问题的
策略……然后面临下一个问题。

依循英国学者彼得·霍尔对城市规划发展史
的勾勒："从病理学，美学，功能，幻想，
更新视野，纯理论，企业、生态以及再从病
理学"，我从这些原汁原味（因为这些论文
的作者，有些也是这一城市类型规划的肇始
者）的论文中，选择了我认为最能表达其根
本动机的一句话，串联起城市类型发展的脉
络：

理想国（这虽然不是一个城市类型，但是是最早城邦的概念原型）／"我们向所有人开放我们共同的文化生活。"

—— 伯里克利

田园城市／"如何让人们重新回到土地。"

—— 埃比尼泽·霍华德

明日城市／"我们必须在开敞空间中建设城市。"

—— 勒·柯布西耶

广亩城市／"所有的统治都是一种死亡的形式。"

—— 弗兰克·劳埃德·赖特

生态城市／"保持简单，让自然帮助你。"

—— 詹姆斯·卡恰多里安

宜居城市／"人们倾向于坐在有位置可坐的地点。"

—— 威廉·怀特

健康城市／"今天一个普通家庭所拥有的化学物品比20世纪初在一个标准化学实验室内能找到的都多。"

—— 布拉德·林恩·达德

遗产城市／"采用当地居民所珍贵的一切。"

—— N．窝罗宁

可持续城市／"能满足当代的需要，同时不损及未来世代满足其需要之发展。"

—— 格罗·布伦特兰

低碳城市／"气候变化的压力推动创造性工作。"

—— 斯蒂芬·惠勒

智慧城市／"草根运动持续塑造城市。"

—— 曼努埃尔·卡斯特里斯

这里面每一句话都蕴含深意，值得细细咀嚼，充满思考乐趣。

做一个城市农民

《义工时代的绿色城市建设》
[日] 进士五十八
中国建筑工业出版社

这一期DIAO计划荐书非常的纠结，直到最后一刻才下定决心。

拿到书的人看到书名一定会说："这都推荐的啥书呀！"或许再也不会打开了。DIAO计划的初衷就是这样，荐书者只遵从自己的内心，推荐个人视角，市面上少能见到的新奇趣，要不是因为这个原因，订购者一辈子都不会接触这个领域的书籍。这是阅读旅行的冒险，或许这就是"DIAO"吧。

《义工时代的绿色城市建设——环境共生城市的现状》，本书作者进士五十八，是东京农业大学的教授、前校长、日本造园学会会长，几个前缀说明作者的专业背景，但本书内容并不高深学术，非常朴实、真实、极具常识性，一点不像这拗口的书名。要是我为此书取名，就叫《城市有农，生活有绿》。

他借用托马斯里克纳的三个人生目标理论，提出了在当下，社会应已具备塑造"义工时代"、"环境市民"的条件。

**这三个人生目标是**

1· 自身的成熟

2· 与他人构筑爱的关系

3· 对社会的贡献

本书非常平缓地讲述，有多少，是多少，是成熟；字里行间憧憬与笃信美好，是为爱；不厌其烦的耐性，是责任心。

提示我看到的要点，每一个其实都是极富创见的好概念，这一切都是为了创造"园艺福祉生活"。

**1. "绿色最小值"**

这是作者的研究课题，营造安定、好情绪及富有生命力的环境对绿色充足度的要求。

**2. pride of place**

把我们身边的美景"L.M.N"，创造来自地方的骄傲。Light up，用光来照亮这些风景（发现）；Mean it，赋予它们含义；Name it，为它们起好名字。

**3. 有"农"的城市生活**

建立从城市中心、郊外到田园、山村，的"绿"、"农"与城市居民的多面关系。建立市民从学农、游农、援农到乐农、精农的多阶段关系。

**4. 好环境设计思考维度：PVESM**

P：安全／便利（功能性）

V：美丽

E：自然／生态（生物生存）

S：识别（地域特色）

M：记忆(历史与故乡）

## 5. 三种共生

与自然共生（与生命共生）

与资源、能源及生产活动共生（3R：减少原料、重新利用、物品回收）

与地域共生（市中心与郊外、城市与农村、大城市与地方、发达国家与发展中国家）

## 6. 生态城市的三个入手

建筑界：节能建筑

土木界：透水铺装

造园界：绿化，一绿遮百丑

我想起2001年服务的一个地产项目。我们生造了一个概念，叫"城市农民"。当时没看到这样的书，缺乏知识结构，我们只能表达情怀，而不能从理论到实践进行丰满，是为憾。

人们住在同一个地方，
是因为想要一起做些事情

《新地理》
[美] 乔尔·科特金
社会科学文献出版社

《新地理》写于2001年，时值互联网企业遭遇重创，创新企业破产此起彼伏。作者的预见性在于，数字经济将继续加快发展，并重塑美国地貌，接下来的十余年，印证了作者的预判。

田园牧歌、乡村生活优于城市生活的观念塑造了美国。逃离城市、郊区生活的本质是："从时间的束缚中解脱"。这些都不是新观念，重点是数字经济让美国的郊区化有了什么变化。

作者提出了"高端郊区"的概念。高端郊区在大都市、有历史与文化传统的城市外围，它不是上班去城里下班回郊区的传统模式，它是数字经济下的一种新文化状态，是就地工作与生活的兼容。作为代表性的硅谷，平底鞋＋牛仔裤，有一种"随时随地"的文化，而不是中心城区办公楼的"同时同地"的文化。

但是这里面有一个误区。人们认为，基于计算机网络，未来居住与工作将呈现"无地点性"的特征，人们在哪里都可以居住并创造财富，而作者指出，数字经济时代，地点仍然至关重要。

西班牙哲学家奥特加说：人们不仅是为了在一起而住在同一个地方，人们住在同一个地方是因为想要一起做些事情。尽管互联网连接全球，信息管道拓展到难以想象的程度，但那些基本的人类价值，家庭、信念和社区，依旧是信息时代的决定性因素，社区意识、认同感、共同的经历，这些都是新城和郊区成功的基础。

作者科特金是全球公认的城市问题研究权威。他在另外一本书《全球城市史》提出世界名城的三个共通特质：神圣、安全和繁忙。不易理解的是"神圣"。神圣是指长期以来支配着大型城市的景观轮廓和形象：城市源起的宗教设施，逐渐建立的伟大建筑和景观，以及那些人们内心的文化符号。

比如旧金山及其整个湾区的发展。人们热爱旧金山通常出于审美原因，而非经济，这个城市是美国最多流浪汉的城市之一，它令人倾心，不在于权利与经济的活力，而在于风景、气候与迷人的建筑。这构成了旧金山的独特性、骄傲性和神圣性。得益于反主流文化的激进、旧金山的不发展规划、开发的严格控制，让旧金山没有复制成另外一个纽约，很好地维护了自己的特质。

某种程度上说，由于旧金山的不发展，30年来没有增加就业人口，城市与人才才得以往外蔓延，促成了今天整个湾区的成功，而数字经济的发展恰逢其时，催生一种全新的生活形态呈现：高端郊区出现。

反观北京的郊区化，不是集权的反省，而是
超过城市容纳力的迫不得已。地方政府和开
发企业的郊区化开发，如果不能解决就业，
甚至高端产业的就业，仍然只能成为北京的
附属品，仍然不是面向数字经济时代的郊区
化。只要人们选择郊区不是为了提高居住品
质，每天仍然只能通过拥挤的交通进城上
班，郊区就高端不起来。而郊区要成为真正
有魅力的地方，要一开始便着手对"神圣"
的规划，思考科特金提出的永恒命题：如何
塑造认同感，让选择郊区的人们感觉不是被
抛弃，而是使其产生归属感。

希望都在富二代

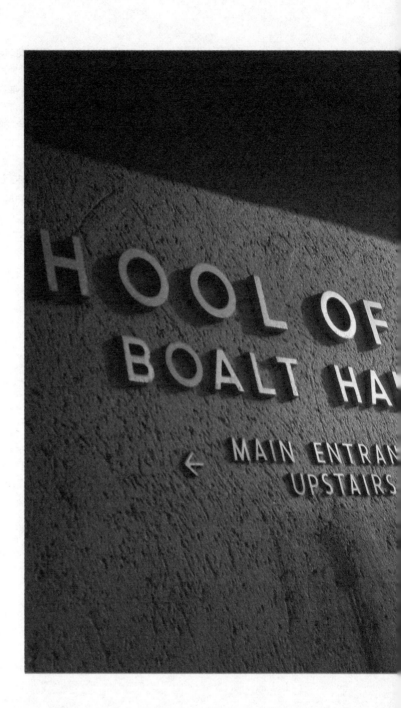

《流水别墅传》
[美] 富兰克林·托克
清华大学出版社

这是我看过的很难得的专门讲建筑的传记，别开生面。难得在于，虽然是很独立的一座别墅建筑，但作者把它放到20世纪现代建筑设计的演变和美国三四十年代社会发展变迁的双重背景之中，同时又不止于大背景，大背景也是由个体的人性、父与子的家庭关系、甲乙双方合作与博弈、建筑设计师之间的竞争，甚至是很勾心斗角的一个个小故事表述出来的，读起来非常过瘾。

流水别墅为什么会成为20世纪最伟大的建筑？为什么出现以后在美国掀起了大规模的群体性呼应？

当然首先，流水别墅无疑是赖特天才的设计，建筑价值无可衡量。但同时也得益于业主考夫曼和设计师赖特彼此之间的需求、愿望和配合。考夫曼本身是一个不读书（据考证，反正他的家人从来没见过他读书）的具备直觉天赋的商业奇才、营销高手（这么说，MBA什么的是不是也甚无用）。

但流水别墅产生的时代背景更为有趣。美国

这个国家没有欧洲那么深厚的文化基底，美国的富一代和中国的富一代也是一样的，抄袭拼贴那些可控的欧洲古典建筑符号，以显奢华。像赫斯特城堡，金碧辉煌的建筑，其实没有什么原生价值。

20世纪现代建筑的源起也是在现代欧洲。赖特虽然是美国人，但长期呆在欧洲，自己也是现代建筑设计的始作俑者。赖特从欧洲回到美国以后沉寂了很长时间，因为美国人也不接受这种东西。就像现在中国富一代群体很难接受现代的东西一样，你做现代的东西就像骗他一样，保守得只有有根可源才敢相信。

跟随赖特学习过一段时间，深受赖特影响的考夫曼的儿子小考夫曼，把赖特介绍给了自己的父亲。《流水别墅传》花了很多的笔墨吐槽小考夫曼如何在考夫曼去世后，挖空心思隐去父亲对流水别墅的影响，无所不用其极地放大自己对流水别墅的贡献，甚至挖出很多资料拆穿小考夫曼的谎言。但我仍认为，作为富二代的小考夫曼，对说服父亲委托并信任赖特设计流水别墅，是起决定性作用的。

流水别墅出现以后，美国人突然在三四十年代找到了自己的文化自信，发现终于有不是欧洲舶来品的建筑，原创扎根于美国自身的文化、自身的生活方式。传播音量的放大，也恰巧美国在那个时代节点上，希望找到一些符号，找到一些自己国家的文化，具备向外传播的价值，可以骄傲的勇气。

为什么说发展中国家
是欧洲大陆建筑师的
发泄场所？

《欧洲办公建筑》
[荷] 于里安·范米尔
知识产权出版社

## 一  欧洲大陆为什么较少有高层建筑？

1.保护城市文脉的严格的限制性规划；

2.办公室租金低廉，建高楼不划算。楼层高度与经济发展密切相关。

## 二  欧洲大陆为什么多小进深板楼而少大进深塔楼？

1.劳动法规定员工有权益并有权参与意见，员工自然要求自然采光、外部景观和可开启窗户，小进深能满足此条件；

2.欧洲大陆企业多自建大楼，不考虑其销售性。房地产市场活跃会让建造者更加贪婪逐利，增加更多的销售面积是根本，导致最终使用者的利益被忽略。

## 三  为什么欧洲大陆员工的办公室面积大？

1.强调个人主义，尊重私密，隔间办公，非开敞办公；

2.平等主义文化，员工都要求有私人房间，不分级别；

3.还是租金低廉，公司能够负担。

## 四  意大利为什么办事效率低下？

意大利人喜欢富有表情的交流方式，打电话和发邮件是不靠谱的，所以凡事得亲自去一趟并先一起吃顿饭。

## 五  既然喜欢富有表情的交流方式，为什么意大利人也不采用开敞式办公？

因为太喜欢互动了，开敞办公会导致意大利人无法控制而产生混乱。

### 六 为什么英国也强调个人主义文化，却和其他欧洲大陆国家不同，仍用开敞式平面办公？

1.英国和美国穿连裆裤；

2.经济发展速度快、竞争压力大的国家，一般都开敞办公，因为容易交流，办公效率高，同等面积坐更多的人，老板更开心。

3.英国和其他的欧洲大陆国家劳动法不同，英国员工不能对办公建筑提出自己的意见。看来，市场经济越发达，人吃人的剥削确实更容易发生。当然也可以说产权更清晰。

### 七 为什么说发展中国家是欧洲大陆建筑师的发泄场所？

综上所述。

—

—

CCTV 大楼为什么是这个样子？

《建筑的生与灭》
[美] 马特斯·李维
天津大学出版社

建筑物总是尽力不让自己倒下去。去除那些因为工程质量、地震灾害、恐怖活动导致的建筑倒塌，这篇文章仅仅从因为力学设计的不合理而导致的建筑倒塌谈起。

而且我们要谈的也不是复杂的需要计算的力学，什么动荷载、静荷载、共振力、预应力等等，而是常识性的力学，小朋友搭积木都知道的原理。

比如很简单的，如果一个建筑尽量矮，造型尽量简单，就不容易倒下来，而且建造便宜。世界最初就是这个样子，像亚当之家、原始棚屋、伊甸园。

但这样的建筑约束了人们的欲望。建筑矮了，容积率就低，有限占地面积的房屋面积就少，这样建造房屋的人可图的利益就少。于是就建高，建高了就不安全，于是我们就得出了第一个定律：利益会导致不安全。

如果建筑都是直来直去，没有弧度，没有挑出来的屋檐，没有错落，更不可能像库哈斯设计的CCTV大楼那样扭来扭去，这样就能更安全。但转过念头，如果没有建筑设计师的想象，建筑就会千篇一律，就不好看。于是就有了第二定律：好看会导致不安全。

保障利益和审美的要求，同时要克服矛盾的
另一方安全性的降低，唯一的方法就是发展
科技，提高技术含量。比如还是前面说到的
CCTV大楼计算的精确度甚至要准确到最后
两栋楼在空中合拢的时候一定要选在温差最
小的一天中的9点到10点之间，为什么呢？
因为这个时间钢材热胀冷缩导致的尺度误差
最小。我觉得发布这个信息的工程师不大靠
谱，听起来是在讲科学，细想一下并不合逻
辑。如此重要的建筑在当下的科技条件下，
需要如此的依赖外界的一个很不靠谱的动态
的条件。这更像是在制造事件，做着科学的
装饰和包装。

工程师这么说的原因，最大可能是太多人质
疑CCTV的安全性与造价，这么说显得是多
么认真，多么一切尽在掌握，一个神秘的极
富科技含量的大楼，会让CCTV大楼2得更
好看。

因此有了第三定律：科学可以掩盖不安全。

–

–

# 任何他乡都是近邻，任何文明都在同一场地

《癫狂的纽约》
[荷兰] 库哈斯
中信出版社

《癫狂的纽约》写于1978年。写这本书的时候库哈斯正在伦敦AA建筑学院当老师，还没什么建筑作品，但处于思想膨胀期。刚刚去世的扎哈，就是这个时期的他的学生。《癫狂的纽约》碎片化地描述了纽约在库哈斯眼中崛起的原因：没有文化负担，地理上自足单元，网格的两维法则（水平）、三维上的无法无天（垂直），完全工具理性，以公平牺牲美观、绝对理性的方法达到了非理性目的，产生的拥挤文化、异体受精、聚集狂喜，从而丰富多元，生机勃勃。

库哈斯就是传统建筑理论的捣乱分子。1991年的时候，库哈斯就说，我们应该停止去寻找任何能将城市凝聚起来的亲和力。他甚至在回答"欧洲城市运转得比较好的原因是不是因为它们的步行生活方式？"这样的问题时，毫不客气地说，步行的理由，不过是因为贫穷。

库哈斯一直质疑文脉传承和可识别性对创造性的束缚，他觉得不应该背这样的包袱。扎哈的设计理论也深受其影响，当扎哈设计的建筑被大家诟病，说"你应该跟文脉有所延续，跟环境和谐"的时候，扎哈反问："旁边是屎，我也要跟它和谐吗？"

最近一期《新知》杂志中纪念扎哈的一篇文章，重点谈的就是1978年到1981年这个时期，在AA建筑学院，库哈斯和扎哈观念的形成，以及对他们后来的深刻影响。这是AA建筑学院的一个梦幻时期，产生非常锐利的思想，语不惊人死不休。你说他们严肃吧，但他们老是用建筑来戏谑社会，有种智商优越感。

这本书的译者叫唐克扬，我原来推荐过他的著作《纽约变形记》，我觉得可以和《癫狂的纽约》结合起来看。《癫狂的纽约》的表述很碎片抽象，库哈斯的建筑跟他的文字一样，不大会好好说话，而《纽约变形记》写得则更加生动。我见过唐克扬主持策展开幕，非常口吃，有趣得很。

### 关于库哈斯的广普城市理论
我们自己耗尽了可识别性，随着人们对它的滥用，历史正在失去意义，以致那些越来越微薄的历史施舍显得倒反而是一种侮辱。

持续增长的旅游大军到处挖掘"特性"，将原本成功的可识别性化为毫无意义的尘埃，这无疑更加速了历史的消亡。

可识别性越强，就越具有禁锢性，越不能容忍扩展、诠释、更新和矛盾。

广普城市是从中心和可识别性的羁绊中解放出来的城市。广普城市不再需要依赖什么，从而也就摆脱了一种依赖的恶性循环：它除了反映当今的需求和当今的能力之外别无所是。

它是没有历史的城市。它有足够的容量海纳百川。它是轻松自如的。它不需要维护。如果它发现自己太小了，便进行扩张；如果它发现自己衰老了，便自我革新。

再摘一点2008年看《城市中国》记的笔记：

库哈斯的团队获得CCTV大楼的竞标。消息传来，群情激昂，大家跑到屋顶举杯欢庆，令人兴奋的好消息不断从北京传到鹿特丹，库哈斯在抉择究竟参与CCTV大楼还是"9.11"重建时最终选择了前者，这看起来是多么的前瞻，一个代表着新时代的到来，一个是为高峰走向衰败立块纪念碑。"中国"这个字眼，被彻底主观地分析。到东方去成为口号，胜利轻易地蒙住了大家的双眼，又一块红布。

最后，以AMO的前总编记录的最后的段落划一个句号："当我2006年初离开事务所时，对这项工作的大部分狂热已经渐渐消散，从几次失利的竞标和被忽视的方案中累积的失望、与潜在客户之间的争执，加上我们过度渴望的惨淡实现，逐渐减缓了这种势头。中国仍在新闻中频频出现，但随着中央电视台项目小组的剩余人员重新回答北京，鹿特丹的事务所就恢复到了从前的样子。AMO的'红色时代'已经结束了。"
–
–

夜空中最亮的星

《住宅设计解剖书》
[日] 增田奏
南海出版公司

我买了一套乐高建筑玩具，设计自己想象中的房子，当然只是很简单的外型。不知不觉拼组了好几栋低层建筑，之后我发现它们有几个共同的形态：

入口有门廊；
南向大玻璃；
层层有退台。

原来有一些观念和标准已经进入了骨子，比如：

房子居于社区，应该与社区有交流，入口的门廊、层层的退台，这些都是公与私的过渡空间，属于你自己，但别人看得见，这些空间具备内外伸缩的弹性，让社区立面充满变数，随着家庭的心情、季节的变化，反应一个一个独特的生活。

这些令人愉悦的体验，突破立面，走进房间，设身处地地一寸一寸地呈现真实的生活。在《住宅设计解剖书》中，体现得非常充分。你很难见到，如此实用又充满情感的图书。看到特别贴合自己的部分，恨不得想拍下照片来分享。

住宅设计，往往是"符合空间命名的生活"的设计，比如，卫生间，就是洗浴的地方；厨房，就是烹饪的空间；卧室，就是睡觉的处所，这种笼而统之的表述，轻描淡写了生活，弱化了设计的妙趣。好的设计，追随生活的轨迹，提供察觉不到的便利，比如，门如何开，餐桌应该如何摆，厨房设备顺序如何排列；更高级的，从功能转化情感的表述，比如"设计玄关的时候，必须先理解脱鞋这件事的意义"。

说起来抽象，举一个工业设计的例子：

工业设计师调侃自己是发现"不重要的事情的重要性"的人，研究功能之上的所谓"情感工效学"。一把车钥匙，在他们眼中不仅仅是一把钥匙，而是汽车的间接象征，暗示着所有权和安全性。车门把手，不仅仅是开启车门的部件，而是汽车对客人的邀请函。除了满足视觉之美和手感的舒适，开门关门发出"嘭"的一声，也被高度关注，赋予为内心的共鸣。

有人说这是忽悠，这种人心中没有"夜空中最亮的星"。

建筑师如何应对未来？

《更新德国 ——100个让未来更美好的方案》
[德] 弗里德里希·冯·博里斯 主编
辽宁科学技术出版社

我理解的更新，是在原有的基础上改善，而不是推倒重来的改变，也不是突破似的创新。聪明之举是让城市有递进的关联，不是图省事地推倒一个现在看起来有着漏洞的老建筑，而是富有才智地让其延续当时的背景和人的情感。

《更新德国》里，最喜欢的一个方案，蕴含的就是我理解的"更新"理念。德国勃兰登堡的舒尔岑多夫小学，一座建于上世纪60年代的枯燥的三层预制建筑，功能为先的包豪斯，风格典型到形式为零。大楼在一个传统巴伐利亚编篮手工艺者指导下翻新，采用柳树藤条，将整个楼编织包裹起来。藤条在使用前经过沸煮和灌注以保护其不受昆虫侵袭，并裹上一层油以免受阳光伤害。立面创造出一种令人愉悦的质感，与之前相比，变得温暖而自然。和巨大的使命、不断的新概念创造和高技术运用不同，它的更新创意简单而富有想象力，让一所小学学校充满了童话感。

往往我们的思维习惯走到这里，就开始了对比批判，比如钢材的鸟巢，塑料的水立方，想象力都用到了名字上……打住，今天不这样去想。让我们看看这本书的封底，它留下了一个互动式的邀请 — 让未来美好的方案，它应该是任何一个人的想法，包括你自己。

回想起2007年的秋天，我们有机会参加了"建筑关于空间与时间的记忆"主题展。那时，我正在阅读《亚当之家 — 建筑史关于原始棚屋的思考》，从这本书获得了启发。我们决定在展览上盖一个房子，名字就叫"亚当之家"，只用泥巴、稻草、藤条、树枝作为建筑材料。我们想尝试体验一下最原始的房子的建造过程：用身体做单位，用眼睛做刻度，用本能去创造。其实这就是建筑对时间与空间最早的记忆，理念直白简单、直奔主题。

展会那天，我们真的把房子给搭了起来。不过，虽然想法很完整，但行动根本回不到过去，没时间、没心力，怕脏怕累。最后还是采用了社会分工的办法，花钱雇了几个工人帮助我们，才解决问题。原生的材料搭出了建筑的基本形态，居然不能用简陋来形容它，它功能纯粹、结构结实，原始人类的生存状态，不似想象的那么糟糕。

举这个亲历事例想表达的是，记忆和未来似乎是两个方向，但连接它们的行为就是"更新"。实际上，我们今天的进步和面临的问题多由欲望而产生，让未来更美好的方案应该是解决问题，而不是制造下一个欲望，或者至少有所节制。

漫山遍野的垃圾，
但你总能找到珍珠

《建筑画100年》
[美] 尼尔·宾厄姆
中国建筑工业出版社

工作原因，近来常去首都图书馆。这跟自己待在读易洞完全不一样。在读易洞，闭着眼睛都能找到我想找的书，没有发现的愉悦。首图给人的感觉是这样的：漫山遍野的垃圾，但你总能找到珍珠。其实，这就是当下中国出版业现状。所以逛首图身累心不累，只要你在走，你就不会绝望。

这本书就是在这样一种状态下发现的。本来我打算当天要找很多资料，但翻着这本书，我就坐着不动了。翻着手上这本，在网上下单一本。

简而言之，这本书按照时间顺序分为五个部分，汇聚了20世纪建筑师绘制的300幅建筑画，强调了每个时期的建筑趋势和风格，如封底的介绍："既是一本建筑风格的史书，也是对20世纪建筑学的纵览。"耳熟能详的大师，赖特、柯布西耶、密斯·凡·德·罗、阿尔托、弗兰克·盖里、尼迈耶、扎哈·哈迪德，都有作品收录。

但这些都不重要，重要的是这些建筑画作丰富而且高级的艺术性。建筑师从各种绘画风格中获取营养，从表现手法上呈现的想象力、自由度、创造性，使你立刻就有一种强烈的感受：这么些年来，你生活在类似水晶石这种效果图公司制造的建筑画视觉环境中，一如你的音乐世界从来不曾接触古典、乡村、蓝调、爵士、摇滚、电子，只有那只小苹果。如果这些建筑画都汇集展陈在一个建筑美术馆里，该是多么美妙的事情。

这还不够。更精彩的是，这本书每幅图的注释，绝对不是简单的信息罗列，而是充满了来龙去脉的故事性文字，妙趣横生。仅举一例，赖特于1958年绘制的美国纽约古根汉姆博物馆的一张透视图，其注释文字里建筑师艺术的情趣、问题的解决、掺杂的情绪、乖张的性格，都表露无遗：

"一个小女孩在内庭院一侧上方悬荡着自己的溜溜球，她对于身后那幅色彩丰富的'名作'不感兴趣。弗兰克·劳埃德·赖特在最后才加上这个小女孩，就在为画作签名之前。

他对这幅由他的绘图员制作的建筑画已经修改了很久，这是从大约70年前在路易斯·沙利文事务所时就已经发展起来的一种技法。绘制这幅画的时候，博物馆正在建设中。公众担心艺术作品放置在围绕建筑核心螺旋上升的斜坡上，将不能清晰展现，这幅画就是为了减轻这份忧虑而绘制的。

画面中的绘画是这张除此之外单色铅笔渲染画作中唯一有色彩的部分；这些画不是根据古根汉姆博物馆的馆藏品画上去的，而是赖特自己的创作。因此，这幅建筑画的标题《名作》，要么是自我本位的——赖特的自我膨胀是出了名的，要么就是讽刺意味的，看看那个小女孩对画作的反应就知道了。"

那天在首图的阅读，还有一个巧合。
我翻到一张1924年俄国建筑师绘制的列宁讲台设计方案透视图。列宁探身站在高高的起重机移动讲台上。我抬眼一望，这不就是眼前首图高挑的大厅支撑结构么？
我找到一个角度，按照透视图的构图，用手机拍了一张首图的结构照片，把它的色调调到1924，简直就是高度重合，一模一样。

—

—

公平、开放与自由

《城市研究核心概念》
[美] 马克·戈特迪纳、[英] 莱斯利·巴德
江苏教育出版社

11年前，我从望京搬到五环外现在居住的地方时，请朋友们到家里做客。一开始，他们都对相对低密度的郊区生活感到欢喜。不过当问到他们是否会跟我一样作出同样的选择，大家就开始犹疑起来。"这，怕是得退休以后了吧！""这里住久了，就懒了吧！""也许最重要的，这种生活方式会脱离我的工作圈子。"这背后反映的是我们对城市依赖的心理，城市有利于我们争取经济和社会关系的优势。不过11年前我根本没想到，北京的城市扩张速度，远远大过自己的"逃离"，不知是有幸还是不幸。

大约是2008年奥运会前后，北京提出过一个口号——把北京建设成为一个全球城市。过街天桥上到处都是红灿灿的条幅。最近几年这个口号消失了。我不揣测这背后的变化，但有一点是肯定的，城市规模、人口数量绝对不是全球城市的指标。抛开政治因素和意识形态的问题，我们可以问问自己，北京这个城市的就业率，有多大程度不依赖地方和国家需求？而这是评价全球城市最重要的指标，而不是十天半月的万国来朝。

这是我在阅读《城市研究核心概念》过程中引起的一些片段回忆。我们在说"城市"的时候，会有一个清晰的具象的图像。但在说"城市研究"的时候，它是在研究什么呢？

这本书就给了我们一个明晰的框架，并简明地提出每一框架下的发展、问题与可能性。对于普通公众，帮助我们理解城市链条如何运转，城市发展的因素与何相关，也许我们对城市的喜欢和抱怨会有更明确的指向。

举一个例子。获雨果奖的小说《北京折叠》，小说中用技术手段，将城市分时规划分层，人为地消灭了"阶级"，好像看不见就不存在，引起了广泛的讨论。可是大家聚焦的话题，与小说因"科幻的想象力"而得奖的缘由大相径庭，人们从小说中读到的反而是现实的"分层"，精英、中产与蝼蚁，住房、教育与健康，接二连三的社会问题与矛盾横亘在我们的眼前。富人受益，穷人受困，《城市研究核心概念》中，把这定义为"环境种族主义"。

刘易斯·芒福德说：城市是社会活动的剧场。斯宾格勒说：一切伟大的文化都是市镇文化。毫无疑问，城市是有魅力的，哪怕仅仅是通过夜间街头生活的指数，也能反映人性的根本动机，评价城市对人的吸引力。哲学家波特若在1588年出版的《论城市伟大至尊之因由》中这样评价城市："城市是人民的聚合，团结起来享受丰裕、繁荣和悠闲的生活，其源，有的是权威，有的是强力，有的是快乐，有的是复兴。"但他更指出："要把一个城市推向伟大，单靠自身土地和丰饶是不够的。创造城市伟大文化的方式与路径，要靠城市公平、开放和创造自由。"

作为『这个人』的建筑师

一次关于建筑大师的阅读旅行

3月1日，2017年普利兹克奖颁布，西班牙RCR获奖。有评论说：普利兹克奖评委的目光终于从人道主义关怀重新回到了诗意的审美。

很多人把普利兹克和普利策搞混，这完全是两码事，但和诺贝尔奖、奥斯卡奖一样，这些都是对人类文化做出杰出贡献的回馈，所以无论品味有何变迁，获奖者的荣誉都将与之相伴一生。

最近公司重笔邀请普利兹克奖获得者参与设计项目，为此编辑一期普利兹克专题杂志，搜罗这方面的书籍，包括建筑大师们的作品与传记。《普利兹克建筑奖获奖建筑师的设计心得自述》是其中信息较综合的一本。

编辑中的这期杂志叫《观念砖块》。库哈斯说："言语激发设计灵感。"言语可能是抽象的理论，停留于思想的观念，正是这些不可捉摸的务虚之词，决定了设计的方向与高度。我们从得奖者的自述中发现精彩的语句，从中梳理其建筑形成的逻辑。当大师们都在说着哲学、愿望以及光、空间、材料、文脉等普遍词语构成的设计方法论，我觉得，由于太想一锤定音符号化大师们的设计理论，人的温度消失了，反倒是那些不被注意的"闲聊"，充满了故事性。

举个例子，我们从本书和其他资料中搜集了1994年获得者包赞巴克的这些片段，如果我们只选一句，应该选哪一句呢：

城市是工作和生活的一个工具，但在城市里的经历也像一本小说，这就是建筑师的工作。

- 我们用几十年的时间从完全相信未来转变为恐惧明天。
- 积极和消极就像呼吸时不断吸入和呼出的空气。
- 和谐不是到处建造类似的建筑，古典城市认为的和谐来自于均值性和相似性，我们这个时代则开始品味相异与对比的特性。
- 看到第一个人登上月球时，我脑中浮现一个念头，这是真正的空间探索的奇迹。然而回到地球，我们对于如何构建和谐城市和社区却毫无头绪。
- 最为抽象的部分往往最为卓越，我喜欢无法即刻看见或理解的地方。
- 一个地方赋予我们的情感取决于各种同时发生的偶然事件。久而久之，对一个地方及其日常性的熟悉也就弱化了感觉。而音乐能够直抵情感，音乐不会为对空间的实用的、经济的或具体的思考而困扰。

杂志的另一个重要内容，是为普利兹克奖1979年创办以来40余位获奖者每人设计一张艺术海报。继续挖掘人的故事过程中，有了与设计师胡颖和大鹏更多的沟通，比如：

菲利普·约翰逊。后现代主义大师，AT&T总部大楼是其最重要的作品。当年王受之老师在中央美院授课，我印象最深的就是将大楼顶部的古典主义风格简化处理，运用到现代主义设计作品之中，菲利普约翰逊是开创者。请不要考证我说的是否正确，胡颖知道，很多时候我也是理论自洽。

路易斯·巴拉甘。他认为色彩的研究高于一切。当初地域建筑用过他的案例，我想和他在墨西哥的气候有关，南加州也是这个模样，干旱，暴晒，以色彩对抗阳光，色彩用得特别大胆，你需要特别大的信心往墙上涂抹颜色。这个考验海报的设计，黑白如何表现。他用那么热烈的色彩，却说了这么一句话："当一件艺术品传递出沉默的欢乐和宁静时，就臻于完美了。"

凯文·罗奇。在准备做这本专题之前，我都没听说过他的名字，但宁宁选的他的那句话，却特别动人。这个建筑球体表面的IBM字体吸引了我。我有疑问，IBM怎么会是宝马公司参加纽约世博会的作品呢？结果宁宁求证了这是这本书最大的错误。我还想看看他的介绍，你们先看着办吧。

贝聿铭。他的血液流着中国人的DNA，含蓄，守规矩。所以选了现在这样一句话。我们都有这样的体会，没有约束，反而没有了创作的支点，贝聿铭是这个现象的典范。反过来一想，这样才能产生最强烈的冲突，没有对比和反抗的对象，如何呈现张力呢？没有选择他最著名的卢浮宫金字塔，而是选了苏州博物馆，是受了现在海报风格的影响，觉得好像更能表达。我也许不对，你们也可自己选择他别的作品。

迈耶。白色建筑。一片明晃晃的白。我去过洛杉矶的盖蒂中心。在盖蒂中心，我学建筑的表哥指着另外一个山头告诉我，迈耶为了设计盖蒂中心，把自己的工作室设在另外一个山头，每天对着这个山头看。白色产生很多阴影，建筑结构通过光线移动变化，所以选择了一张室内。最后选的这句话也很有意思，迈耶白色走到极致，但他承认这是自己个人的喜好，并不强加别人。我觉得他是有尊重人的本质的，建筑都不着色，你看什么，觉得是什么就好了。

霍莱茵。又一个全新认识的家伙。看看选的照片，胡颖肯定能想得起当初和张健为万达广场设计的海报。看过这些建筑大师的理念，这是唯一一个提到"声音能够创造空间"的设计师，希望这句话对你们会有帮助。我想起一个康复中心，为盲人设计的廊道，走到应该拐弯的地方，突然加高层高，目的是让脚步的回声产生变化。这个细节很感动人。

丹下健三。上次我们见面时有聊过。关于他的"形式的抽象"和另外一个日本建筑师清家清的"精神的具象"，对战后日本建筑产生的深远影响，形成日本建筑的两个流派。"我是日本人"，设计的东西当然就是日本的"风格"。这种自信建诸个体身上，不假外求，不用另外的东西来说服自己的创造。选择的作品，一个教堂，外来的东西，我真的觉得很日本。日本的八个审美意识：微／当下、并／换位、气／余韵、间／留白、秘／沉默、素／还原、假／信赖、破／偶然。总结为一个词"隐忍"，你们感觉感觉。

尼迈耶。这个人设计了整个巴西首都，使其成为文化遗产。他的另外一句话我也很喜欢，"加缪曾经说过，追求原因是想象力的敌人，有时候你要把那些因果抛在一边，仅仅为美而设计。"我觉得巴西人有这种不计后果的文化性格。不然不会成就一个人设计一个城，还是首都。若是以各种线性逻辑的策划常识……我们现在开的各种会议大部分就是在"商量"这个问题，说了很多话，看起来都有道理，后来想起，屁用都没有，其实全都是在安抚自己的担心。好东西，需要论证么？

扎哈。中国人认识她都是因为潘石屹的soho。其实，全世界认识潘石屹，是因为扎哈。70年代扎哈就追随库哈斯，这些人都是用思想驱动动机和动力的人，理论一套一套的，才开始了设计生涯。所以选了现在这句话：你研究得越多，结果就会越好。扎哈有次遇到挑战，被问你的设计如何与环境和谐（今后有人提出这样的问题，就是找不到话说）。扎哈回答说："周边都是屎，也要去和谐么？"这回答特别的库哈斯，他干脆就建了一坨屎，立在三环边。

库哈斯。语不惊人死不休，非要和常识价值唱对台戏。读过他两本书还写过书评，摘一点。91年的时候，库哈斯就说："我们应该停止去寻找任何能将城市凝聚起来的亲和力。"他甚至在回答"欧洲城市运转得比较好的原因是不是因为它们的步行生活方式？"这样的问题时，毫不客气地说，步行的理由，不过是因为贫穷。他有一个"广谱城市"的理论：广谱城市是没有历史的城市，海纳百川，轻松自如，不需要维护；如果发现自己太小了，便进行扩张；如果发现自己老了，便自我革新。简而言之，随心所欲好了，绝对不背历史的包袱。

达·洛查。他说的话能够让普通人从中获得共鸣，设计理论和方法也很通俗，但通俗的话总结得特别有哲理，比他的设计还好。比如：建筑是受自然环境启发而作出的一种人文努力。再比如：本质上说，没有私人空间，只有不同程度的公共性。再比如：运动感来自地形，不是来自建筑结构。三言两语，这个人的价值观就清晰了。

妹岛和世和西泽立卫。这是丹下健三理论实践的延续。前面说过了，多说两句他们的设计方法。他们说，要用建筑物内部人们的活动，来创造建筑形式。我觉得他们的平面图是这样画出来的，先想象这个空间人的流动，再去设计布局与分隔。要表现出这样的设计结果自然就得做出通透感，不然怎么能感受你的设计呢？所以他们的建筑颜色都很浅，材质都薄薄的，大量用玻璃，好像能让人一眼看穿。

约翰·乌松。悉尼歌剧院的设计师。他说建筑设计是世界上最好的工作，不以盈利为目的，而是用来激发心中的灵感。他真的就是这样做的。1957年悉尼歌剧院开始招标设计，确定了方案，他中标了。方案之初，悉尼歌剧院被调侃为乌龟的交配图，跟我们现在吐槽大裤衩一样。重要的是，悉尼歌剧院花了16年才建起来，超出了20倍的预算，核心原因就是设计带来的工程实现问题。乌松干了一半还跑了，但最后的名头、所有的建筑大奖、终身成就都是他得了。

安藤忠雄。他基本上是自学的建筑设计。但他学习的起点和方法很高，直接到全世界旅游，看建筑设计大师的作品。他说的一句话对我很有影响，所以不厌烦做小事。他在其传记里面说："事情无分大小，关键是做这件事情的意志。"这需要耐性，《安藤忠雄连战连败》中："回顾过去的几十年，作为一个建筑师，我的工作几乎没有一件是按我所想顺利进行的。不如意是家常便饭，不少方案计划中途中断，竞赛也多以失败告终，至于向城市方面的提案，别说实现，连听的人都没有。"

包赞巴克。这个周末在昌黎陪同他考察了两天。他是个葩耳朵，怕老婆。讲个细节。他在餐厅等他去洗手间半天不出来的老婆，硬是站着等了足足20分钟，直到老婆出来坐下了才跟着坐下。算作文化吧。包赞巴克夫妇穿着都极讲究（包赞巴克夫人第二天早起化妆3个小时），毕竟是为纽约中央公园旁设计顶级豪宅，设计费上亿的设计师，但我抢拍到一张照片，他趁人不注意很起劲地挖鼻孔。那一刹那，被誉为苏佩里小说中的法国"小王子"，也是一个人哪。

文丘里。我总能找到相关人物我在豆瓣上的评论。《向拉斯维加斯学习》是文丘里的著作，我2009年的评论是这样的："拉斯维加斯在规划上的成功，我总结就是，广告牌子比建筑更高，更大，更多。这极度的花花商业能刺激激素分泌，让人产生非现实的幻觉。其实这就是我最近的心得：业余的干专业的事，你自然就会做出非理性的趣味。本能的，本性的，大众即喜闻乐见的。"你看我们现在选取的他的话，多么一致。

卒姆托和让·努维尔。一起说这两个人。卒姆托说，我们周围有很多我们并不理解但伟大的东西，比如光，它超出了我理解的范围，这种非理性的、精神性的东西激发创造力。让·努维尔说，一定要理解光，光是一种基本材料，我的建筑一开始就会有五六套照明条件方案，这是古典建筑无法想象出来的。结果就很明显了，就像他们两个设计的建筑，孤独与迎合，静谧与喧嚣。卒姆托将永恒，让·努维尔呢，终究是一个世俗的人。

王澍。王澍的手法，一句话总结就是"新的建筑、旧的回忆"。大量使用旧建筑材料自带记忆这种物质性的表达比较容易，唤醒精神性的传统则比较难，这需要敏感。王澍也做出了尝试，比如在设计高层垂直院宅时的创意，哪怕住在100米的高度上，也能体会住在平房时屋檐滴雨窗前的感觉。这个微小动机直接影响了建筑立面型态，让每层檐口挑出，接纳雨滴的滴答之声。

……

这是一次工作中顺带的阅读旅行，不仅仅是一本书，从一个点，牵出一根线，不断通过探索与提炼，带来全面的阅读体验。我们最终究竟选择了一些什么话？设计了怎样的海报？如何解析了这些大师？这一期杂志会看到答案。

—

# 进入一种『高级』的情感

《肌肤之目》
[芬兰] 帕拉斯马
中国建筑工业出版社

周末的下午，我和哥哥受一段音乐启发，把我们拍摄的照片，编辑成一段小故事。

我们沉浸在自己的创作之中，这个过程让我们愉悦不已。这启发了我一个意识，何种洞察让我们产生愉悦？如何让自己在生活中，更多的进入到这种享受的状态。

我正好在看《肌肤之目》这本书，作者是芬兰建筑评论家、著名建筑师帕拉斯玛。帕拉斯玛在自己的创作笔记中，画了无数的门把手。这本书的源起，应该有另一位芬兰著名建筑大师阿尔托对帕拉斯玛产生的影响。

阿尔托这样形容门把手：门把手是用来与一座建筑握手。这如何理解？

门把手是一个法宝，"是一处有待探索、精化和制作的首要细部，体现了所有的设计要素、形式准则和对整个建筑的追求"。

如果能理解一个门把手，也许就能打开理解一个建筑的大门，理解建筑充满的感觉和对生活的推进，这来自于身体和情感所具备的丰沛的感知功能——这就是"肌肤之目"。

帕拉斯玛并不是一开始就有这样的意识。他曾经相信理性，相信毋庸置疑的技术效益和功利性观念。但开始从对人类学、心理学发生兴趣，促进了他发展建筑哲学中有关文化、环境和心理方面的理解——艺术如何激起形而上层面的意识来取代日常生活？建筑的任务不仅在于将日常现实的世界美化和人性化，还在于开启我们的意识、现实中的梦想等更高的维度。

帕拉斯玛的的工作室就是一个图书馆，从他的描述，也能看出"肌肤之目"的养成。

"对书籍的分类归纳工作一直是一份永远做不完的苦工，在图书分类系统上，永远会引发打架激烈的争吵。"

"在过去30年，我开始把所有的书都看作建筑类图书，因为人类所有的境遇、历史、传奇、行为和思想，都被人工构造和组织，我们空间的、材料和心理的构造提供了理解世界的根本范畴。""我必须看到纸上自己亲手写就的模糊不清的字迹才能对内容产生亲切感和内在感。我同样也很欣赏作品中留下的标示和痕迹。"

从建筑师职业退休的帕拉斯玛现在依然在从事教育的工作：

"教育的职责是培养并支持人类想象与移情的能力，但普遍的文化价值趋向于打消幻想、压抑感觉，并僵化自我与世界的界限。"

"创造力的教育应从质疑世界的绝对性和扩展自己的边界开始。"

"艺术教育的主要目的不是艺术创作的原则，而是塑造自己的个性和世界的图像。"

"感觉和想象力，对一个完整且有尊严的生活，是必要的。"

"当生活失去了与存在的深刻历史和精神性的回应，则人性尽失。"

"建筑能够强化并坚持我们对自我与世界的拥有，支持谦逊与骄傲，好奇与乐观。"

建筑师、博物馆馆长、大学教授，帕拉斯玛说他的观念来自于"总体的生活经验"。如何进入一种"高级"的情感？无非打开你身体更多的"孔"。

有一种理想状态，
叫『不问结果的专注』

《匠人》
[美] 理查德·桑内特 著 李继宏 译
上海译文出版社

《匠人》这本书信息超载，很难总结，让人浮想联翩。

在工作中学到一个词汇，叫"以终为始"，以结果倒推工作要求。这是一个听起来行之有效的管理方法。这种"不问过程的功利"，正是《匠人》想要探讨的，可能会对"大脑"造成伤害，同时想要反复证明"不问结果的专注"之必要。

简单的逻辑，如果活动只是达到目的的手段，那么工作就变成了强迫劳动。而人们如果以享受过程的游戏态度去工作，工作就会成为艺术。但这"鸡汤"的表述方法，很没有"事实"的说服力。

《匠人》的求证角度另辟蹊径，以核心观念"肢体语言具有思想意识"一以贯之。作者桑内特认为，所有技能都是从身体的实践开始的，哪怕是最抽象的技能也不例外。

我们常说，想好了再干，其实，行动正是不可分割的部分，边做边判断，因为肢体本身，自带价值观、思想力。

比如，手的生理构成（物质的）形成握和放松两个动作，分别意味着"控制的欲望"和"让与的道德感"（精神的），这是肢体语言自带的思想性。

再比如，有人说，匠人的工作日复一日千篇一律很难获得情感的回报。恰恰相反，这是不必要的担忧，心脏固定节奏的跃动，生命本身就是这样的特质。匠人的行动与思想具有高度的一致性。

匠人也是对现代分工（有人负责思考，有人负责执行）的一个质疑。联想到我自己，我虽然喜欢交流，但更喜欢一个人埋头工作。"全神贯注做某样东西时，我们不再有自我意识，甚至连自己的身体也感觉不到。"这种愉悦感我是经常能够体验到的。但事无巨细，亲力亲为，在分工意识中，又显得"格局"不够高——不擅长分配工作，也即不善于管理。

理解自己的局限，或许是"理性"重要的部分。狄德罗主编《百科全书》最基本的动机，就是将体力劳动和脑力劳动放到同等重要的位置。有人不善于表达，但并不等于愚蠢。语言的局限可以通过参与实践活动来得到克服。《百科全书》解决那些匠人们无法用语言表述其匠艺的方法，即是用大量的插图来代替文字。会做不会说和会想不会干的两种人，局限相等，或可互补：

"我有一个很好的想法，是关于一首诗的，但我好像写不出来。"
"诗不是由想法构成的，它是由字词组成的。"

这种二元对立的分类方法也许并不科学，匠人也并不只是描述熟练的手工劳动者，其实无论合作或是独立，凡事皆可匠人，重要的是具有匠心，也即匠人的精神。其最重要的特征，作者桑内特做了一个看起来似是而非的标准——为自己的工作感到骄傲。仔细想想，这个标准倒是很容易在内心建立起判断。

回到以终为始，我自己并不喜欢会结束的工作。最近两个月都在断续地为公司的图书馆采买上架图书，这是一个显性的体力工作。但我喜欢这个过程，把肢体运动融进思维路径，拿起一本书，翻阅它，分析它，判断它，同步移动身体。这个过程是一个通识的自习，也是对一个空间的雕琢。不断有新书来，还会不断地理解新的分类并陈列出美感，无休无止。这就是匠人的特质，"劳动之兽"，将工作本身视为目的，为了把事情做好而把事情做好的欲望。

—
—

**阅读的修养**

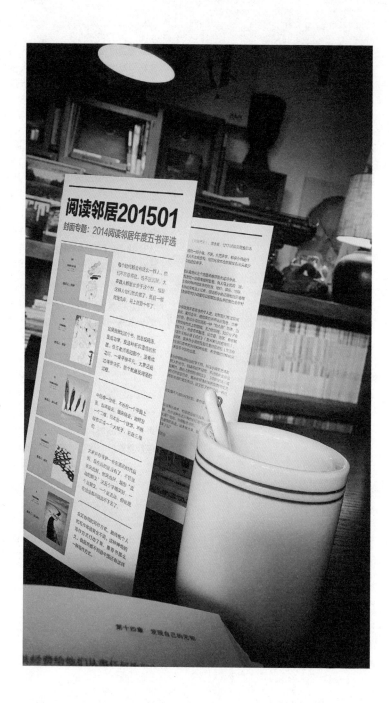

《再读一遍：消遣时代的阅读乐趣》
[美] 艾伦·雅各布斯
译林出版社

《再读一遍：消遣时代的阅读乐趣》，这本书脱离了我的荐书风格。作为2014年DIAO计划我推荐的第一本书，阅读一本如何阅读的书，我觉得是一个阅读年一个特别的开始。

尤其是，我们面临着如此一样的阅读困境："最近几年，我一直有一种不舒服的感觉，觉得某些人或某些东西正在摆弄我的大脑，重塑中枢神经系统，重组我的记忆……我现在的思考方式与过去已经截然不同。当我阅读时，这种感觉最为强烈。全神贯注于一本书或一篇很长的文章，曾经是易如反掌之事，我的大脑能够专注于叙述的演进或论点的转折，我还曾经耗费数个小时徜徉在长长的诗行里。但如今不再如此。往往在阅读两三页后，我的注意力就会开始转移。我变得焦虑不安，失去了线索，并开始寻找其他事情来做。我感觉我一直在努力将自己任性的大脑拽回到书本上，过去曾经甘之如饴的阅读已变成一场战斗……我想念以前的大脑。"

从个人的阅读经验讲，我有比这更深刻的体验。由于做书店的原因，为了在汪洋一样的书市中选择喜欢的品种，我自己总结了一套速读的方法，甚至形成课件，给别人做培训。这导致我不断地希望从一本书中去抓住作者想表达的核心，并形成评价。包括我在看这本书的时候，依然是用快餐的方式去消化。我不断地跳跃着阅读，选择那些能够刺激我的只言片语。

"听过的旋律很美妙，但是没听过的更美妙。"这欲望的牵扯，往往在耗费了大量的时间之后，心灵没有滋养的满足，反而情绪充满了一种失落与焦灼。从这本书，我至少获得两种改变我的阅读习惯的方法，它是一种观念，也需要一种克制的力量。

## 1. 慢慢地读。
放慢阅读的节奏，控制自己的欲望。我了解阅读对我的帮助，其实只要阅读，不管读的是什么，我的大脑就能活跃起来。用更慢的速度阅读，不要特别着急地看下一段风景，功利会撕扯专注。

## 2. 再读一遍。
再读一遍，如这本书的书名。为何要如此贪婪，那些我肯定的好书，为什么不可以再读一遍？世间道路无数，属于你的就一条，你在阅读的过程中虽然在不断地挑挑拣拣，但最终捡到手上的还是那些一如既往强化与印证你见识的观念。

这两点，就是我开始付诸实施的阅读理念。我把它当作一种修养。

中国思想传统的现代诠释

宇宙秘密

阿西莫夫说科学

科学与人

随风而行

阿巴斯·基阿鲁斯达米诗集

建筑设计的470个创意&发想

（日）智宅住宅制作会 著

C P

Pattioqiuhua Shizezhuah

百年思索

日本城市论

龙应台 著

时许编 筑书坊

为爱园丁业

（美）夫坊·莱恩佐库

城为设计新用论

博思博记

守了10年书店的洞婆

# 10年读易洞

|  |  |
|---|---|
| 2006年9月9日 | 读易洞成立，「分享者」主题海报展 |
| 2006年12月 | 「LOGO的内心世界」胡颖设计展 |
| 2006年8月28日至2007年8月27日 | 「365 天每天一本书」书评撰写 |
| 2007年9月9日 | 开洞一周年社区互动之「集盒」 |
| 2007年10月 | 阅读实验产品「DIAO计划」 |
| 2008年4月 | 服务北京香港马会会所图书馆 |
| 2008年7月 | 例外服饰每月一讲一年21堂员工培训之「阅读课」 |
| 2008年8月 | 创意产品《走神》每月定期推出，连续一年共12期 |
| 2008年12月 | 宋育仁诞辰150周年展「消失者」 |
| 2009年4月开始 | 「1217和21」系列主题文化讲座，共举办三季，共12期 |
| 2009年6月 | 「世界好有意思」北京社区童书巡回展 |

|  |  |
| --- | --- |
| 2012年12月 | 「阅读邻居」第十二次读书会，评选「阅读邻居年度五书」 |
| 2012年7月 | 融科千章墅会所书房定制 |
| 2012年5月 | 读易洞独立印品《荷尔蒙》发行 |
| 2011年11月 | 绿茶、杨早、邱小石三人在读易洞发起「阅读邻居」读书会，每月一期 |
| 2011年11月 | 「好耍不过耍朋友」——《业余书店》出版发行首发式 |
| 2011年5月至9月 | 编辑读易洞创办五年历程的《业余书店》 |
| 2011年1月 | 第五届全国民营书业评选获「年度最佳小书店」奖 |
| 2010年6月 | 读易洞教室开课，推出《文案这手艺》和《干净的错误》两项讲座 |
| 2009年12月 | 邱小石编著《成年礼：一个广告公司的教科书》出版 |
| 2009年9月 | 三周年分享个人阅读经验的「人格计划」 |

2014年9月　邱小石、王晓天合著《天晓得》出版发行

2014年4月　『阅读邻居』荣获首届『伯鸿书香奖』组织提名奖

2014年4月　参加『北京共同阅读促进大会』，『阅读邻居』获评『优秀民间读书会』

2014年1月　评选『2014阅读邻居年度五书』

2014年1月　参加独立书店论坛，发表演讲《自留地》

2013年10月　三亚万科湖畔森林度假公园龙眼睛社区书房定制

2013年9月　『阅读邻居』获评『北京十大阅读示范社区』

2013年7月　服务沈阳孔雀城启蒙之光图书馆

2013年1月　获中国图书商报社颁发的『中国独立书店创新奖』

2013年1月　第六届全国民营书业评选获『年度最美书店』奖

2016年9月　　读易洞 10 周年

2015年9月　　『阅读邻居』总计举办 48 期

2016年7月至8月　　编辑书稿《建筑你的模式语言》

2016年7月　　阅读邻居联合腾讯文化、中华微视推出谈话直播『黑洞会』

2016年1月至8月　　整理书稿《雏原风》

2016年1月　　评选『2015 阅读邻居年度五书』

2015年9月　　读易洞 9 周年，独立印品《做个小人真快活》发行

2015年9月　　『阅读邻居』总计举办 38 期

2015年1月　　阅读邻居D-I-AO计划推出新版本，全年 10 期

2014年12月　　评选『2015 阅读邻居年度五书』

# 5年阅读邻居

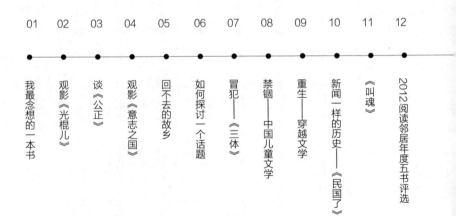

| 01 | 02 | 03 | 04 | 05 | 06 | 07 | 08 | 09 | 10 | 11 | 12 |
|----|----|----|----|----|----|----|----|----|----|----|----|
| 我最念想的一本书 | 观影《光棍儿》 | 谈《公正》 | 观影《意志之国》 | 回不去的故乡 | 如何探讨一个话题 | 冒犯——《三体》 | 禁锢——中国儿童文学 | 重生——穿越文学 | 新闻一样的历史——《民国了》 | 《叫魂》 | 2012阅读邻居年度五书评选 |

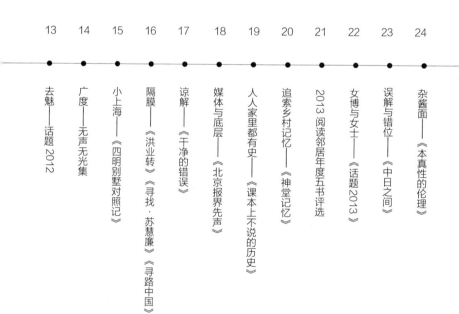

13　14　15　16　17　18　19　20　21　22　23　24

去魅——话题 2012

广度——无声无光集

小上海——《四明别墅对照记》

隔膜——《洪业转》《寻找·苏慧廉》《寻路中国》

谅解——《干净的错误》

媒体与底层——《北京报界先声》

人人家里都有史——《课本上不说的历史》

追索乡村记忆——《神堂记忆》

2013 阅读邻居年度五书评选

女博与女士——《话题 2013》

误解与错位——《中日之间》

杂酱面——《本真性的伦理》

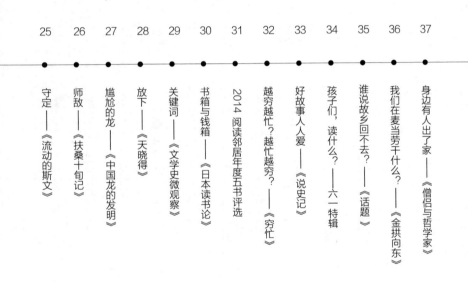

25　26　27　28　29　30　31　32　33　34　35　36　37

守定——《流动的斯文》

师敌——《扶桑十旬记》

尴尬的龙——《中国龙的发明》

放下——《天晓得》

关键词——《文学史微观察》

书箱与钱箱——《日本读书论》

2014 阅读邻居年度五书评选

越穷越忙？越忙越穷？——《穷忙》

好故事人人爱——《说史记》

孩子们，读什么？——六一特辑

谁说故乡回不去？——《话题》

我们在麦当劳干什么？——《金拱向东》

身边有人出了家——《僧侣与哲学家》

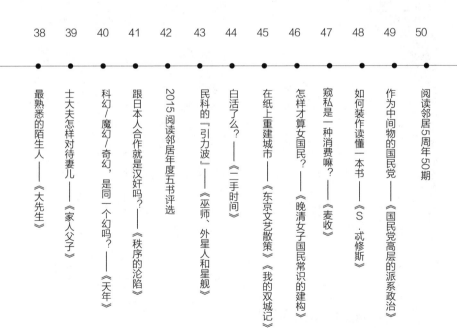

# 后记

编辑这本书的时候，正遇生活中的一个节点，读易洞10周年之外，还有我自己的孩子，即将远离我们进入大学生活，开始自己面对自己的人生。

总的来说，人是渺小的，也是很可怜的。高兴的事情未必多，都是在经历很多苦逼事情之后，换来那么一点点小小的欢乐。就为了这一点点小小的欢乐，人们的忍耐力也是惊人的。很可怜，是不是。

内心的翻滚只有自己知道，外面阳光灿烂是世界装的样子。一天聊天时洞婆说，孩子都是自己宠别人磨。我想是的，自己宠是因为自带基因的原因；别人磨，也是因为你的基因关别人屁事的原因。

什么"男子汉，有担当，个人扛"。其实人生短暂，扛什么扛，觉得委屈，就逃避，我就是这么想的。我不相信什么励志的东西，改变世界，扭曲人性。你走得越近，越觉得那一片光鲜世界，特别荒芜。

就像开书店，10年了，什么公共生活，那本来就是自己的逃避之处，什么可贵的坚持，那是最不需要坚持的东西。你需要，你喜欢，你享受，来不及坚持，时间很快就过去了。坚持的过程多很不堪，不坚持的才干得甘愿和欢喜。

汉声黄永松老先生说，慢慢做，甘愿做，欢喜做，幸福在望。甘愿和欢喜，前面是慢慢为条件。可是现在哪件事不快啊，时代拿着鞭子不停地抽你，由不得你，如何甘愿和欢喜？更别说幸福。

心理学家罗洛梅说，生活在焦虑时代少数的的幸事之一是我们不得不去认识自己。这是挖伤口给自己看的方式，很痛。人为什么要用撞墙这么惨烈的人生体验来让自己醒悟和成长呢？不用的，其实读书和思考也能让你不那么浑浑噩噩。

不容易，想想自己，就想对别人也好一点。

很消极么？不是的，从我的角度看过去，都是积极的。因为如此，才了解自己该珍惜什么。不浪费时间。

# 致谢

首先要感谢一个不认识的人，《建筑模式语言》最主要的作者，加州大学伯克利分校建筑学教授C.亚历山大。作者向读者传播的跨越时空的心灵感应，或许永远只有读者知晓（其实这本书比我还要年长）。本书浅陋配不上向《建筑模式语言》致敬，谢谢也遥不可及，也许仅仅只能感怀自己幸运，遇到一本获益如此之深的书。2014年特意在伯克利居停四天，逛遍了校园角落，与其说旅游，不如说朝圣。

其次要感谢的是把这本书介绍给我的人，中央美院李玉峰博士。我们1996年相识于万科，一见如故，20年友谊，无论我们是否在同一时空，分享彼此精神食粮，从未间断。我依然记得，他是在机场发短信推荐《建筑模式语言》给我的，打开了我认识世界的另一扇窗口。最近两年，我们重聚共事，我依然源源不断从他身上吸取养分。

接下来感谢几位对于读易洞必不可少的人：
两年多前已经离我们而去的陈三，三哥，发小。读易洞书店空间的每一个尺寸、每一块木头，都有三哥的心思和心血。
胡颖，相识16年，精神伙伴，不分彼此的兄弟。他把为读易洞做的每一次设计，都当作自己的责任。

杨早和绿茶，阅读邻居的共同发起人。一位著名学者，一位资深书评人。因为他们的参与，读易洞得以持续其活力。

杨早不仅是邻居、朋友，也是我的发小。他和胡颖组成的读易洞宣传科，阵容何其豪华。

这本书的创作，得众人之慧——

第二章的内容除了自己的描摹，还收录了多位作者撰写的在媒体上发表的关于读易洞和阅读邻居的文章。各种角度，旁观客观，深入浅出，意味丰富。

老友宋振中，本书的章节过渡页，都出自他的手绘。

朋友李大鹏，胡颖的得力助手，担纲了本书的平面设计，为本书成型划上句号。

谢谢本书编辑廖晓莹老师，承蒙她的喜欢和推荐，拿到初审修改，满书标红，令人感动。

谢谢我的父母。在我很小的时候，在小小的川南县城，即使收入微薄家庭负担繁重，仍为我和哥哥订阅大量读物，带我们看能够看到的电影。父母退休后，我们一直居住在一起，三代同堂，其乐融融。

最后谢谢我的妻子阮丛。严格地说，读易洞只有她一个员工，她或许是个人守店时间最长纪录的创造者。